輕減醣！
我的 IG 料理超吸睛

My IG cuisine is super eye-catching

攝影、擺盤　璞真奕睿

料理家　林勃攸

林勃攸和其他 **168** 人都說讚

瑞昇文化

01

LUNCH BOX

♡ 小叮嚀

本書便當篇的食材
準備皆為 **2** 人份，
但圖片示範則為 **1**
人份便當。

便當

01	乳酪鯛魚便當	16
02	松阪豬肉便當	18
03	迷迭香雞腿捲便當	22
04	燒烤雞腿串便當	24
05	普羅旺斯鮭魚排便當	28
06	清蒸苦瓜球便當	30
07	雞肉玉米煎便當	34
08	歐風鯖魚便當	36
09	烤蘇格蘭蛋便當	40
10	番茄鑲肉便當	42
11	酪梨雞肉捲便當	46
12	海鮮煎餅便當	48
13	香蒜鮮蝦便當	52
14	燒烤透抽便當	54
15	香烤雞翅便當	58
16	烤豬肉丸子便當	60

02
BRANCH

早午餐

01	普羅旺斯燉蔬菜蛋捲	68
02	西班牙煎蛋搭香辣馬鈴薯	70
03	蘆筍水波蛋佐全麥麵包	72
04	鮮蝦清蔬北非小米襯炒嫩蛋	74
05	野菇炒嫩蛋襯雜糧麵包	76
06	烤甜椒佐全麥麵包襯水煮蛋	78
07	豆腐雞肉煎餅佐酪梨培根捲	80
08	羅勒番茄雞肉巧搭西式蛋捲	81
09	尼斯全麥三明治	82
10	海鮮雜糧三明治	84
11	酪梨燻鮭五穀飯捲	86
12	韓式泡菜鮮蝦五穀飯捲	88
13	咖哩肉丸襯櫻桃藜麥沙拉	90
14	煙燻鮭魚藜麥沙拉	92
15	水煮雞胸佐麵包沙拉	94
16	雞肉柚香藜麥西芹沙拉	96

03
DINNER

晚餐 ————————————

01	百里香烤羊排	102
02	辣味烤肉泥串	104
03	獵人燉雞	106
04	香煎野菇＆鱸魚	108
05	煎香料透抽佐炸野菜蒸地瓜	110
06	乳酪豬肉捲搭手風琴馬鈴薯	112
07	蒜香骰子牛搭蘆筍荷包蛋	114
08	香煎孜然松阪豬配番茄乳酪串	116
09	咖哩鮮蔬櫻桃鴨	118
10	香煎鴨胸蒜香義大利麵	120
11	香煎鮪魚排佐菠菜馬鈴薯泥	122
12	西班牙紅椒雞肉搭炒竹筍	124
13	彩椒鑲肉搭水煮馬鈴薯	126
14	蒜味蘑菇白酒淡菜	128
15	鮮蝦裹櫛瓜煎馬鈴薯	129
16	香煎鮭魚橄欖醬義大利麵	130
17	嫩烤豬肉搭鹽味綜合時蔬	132
18	療癒花園火鍋	134

04

ENERGY BOWL

能量碗

兒童餐

01	坦都里烤雞肉串	140
02	鮪魚墨西哥捲餅	142
03	玉米野菜烘蛋	143
04	牛肉豆腐漢堡	144
05	奶油培根貝殼麵	146

05

CHILD MEAL

01	泰式軟嫩雞絲沙拉	150
02	彩虹北非小米雞肉沙拉	152
03	鮪魚沙拉佐蜂蜜蒜味優格醬	154
04	鮭魚酪梨藍莓沙拉	156
05	莓果高蛋白奶昔碗	158
06	繽紛水果高蛋白奶昔碗	160

每次點開 Instagram，
是不是被一道道創意料理所吸引？
是不是為一張張精心構圖而讚嘆！

這些追蹤數超高的料理網紅，是怎麼做到的呢？

其實人人都有潛力優化自己的 IG，只要掌握本書要訣，
你的 IG 也可以很吸睛，成為別人羨慕按讚的焦點！

本書架構 = 減醣飲食 + 擺盤教學

健康又能瘦身的減醣飲食

減醣飲食的一個大原則就是減少醣類的攝取量，控制在每日熱量的 20-40%。
本書並非嚴格限制醣類，而是在食材方面有所選擇：
少用精製高糖類：白米飯、白吐司、水餃、麵包、麵條。
多用蛋白質、脂類、低碳水化合物：肉類、禽類、貝類、蛋類、奶酪、堅果、
蔬菜和水果。

因此，本書主食均採用糙米、五穀米、地瓜、南瓜等，不但營養素豐富，還含
有膳食纖維幫助消化，達到輕減醣的健康瘦身目的。

讓料理超吸睛的擺盤教學

美味健康的料理，也要兼顧視覺的美感！

(　料理吸睛五要訣　)

顏色　善用食材色彩，讓料理看起來更有食欲。
常用食材：各色甜椒（青黃紅色）、番茄水煮蛋、生菜。

形狀有所變化就能達到有趣的效果。　　　　　　　　　**形狀**

捲 蛋捲、飯捲、捲餅　　　　**揉** 肉丸、肉餅、飯糰

串 肉串、蔬菜串、丸子串

數量　盛盤時的數量，會影響料理的氣質唷！

少 讓菜色看起來清雅秀氣，適合法式和日式料理。

多 菜色豐盛，呈現磅礴氣勢，適合中式和美式料理。

因應食材形狀特色，採用不同排列方式，分為：　　　**擺盤**

[橫式]　[斜式]

[直式]　[骨牌式]　[拆解式]

食器　白盤與黑盤是必備道具，低調的黑白顏色不會搶掉食材的風采。還可搭配各式便當、竹籃、砧板、木碗等營造不同的氣氛。

（　　輕減醣飲食的主食　　）

北非小米

又稱「庫斯庫斯」「古斯米」，是用粗麥粉與水搓揉製成的一種麵食。庫斯庫斯不但健康營養，而且烹煮簡單快速，進口超市或食材專賣店都能買到。

五穀米

五穀米富含蛋白質、膳食纖維、礦物質等成分，是營養滿分的天然食材。但要注意五穀米和白米的熱量差不多，因此，吃五穀飯時，煮米量要減少，並且多放一些水，這樣食量就會減少，但又有飽足感。

糙米

糙米的膳食纖維及各種營養成份都比白米多，屬於抗性澱粉，食用後不容易引發血糖上升。但要注意的是，有腎臟病、腸胃病、咀嚼能力差的老年人，不適合食用。

紅藜麥

紅藜麥所含的蛋白質約比其他穀物高 2 倍，膳食纖維更是地瓜的 7 倍，此外還富含礦物質鉀、鈣、鎂、鐵、磷等，以及抗氧化的植化素，保健功效卓著。

黑糙米

黑糙米含蛋白質、脂肪、碳水化合物、維生素 B、鈣、磷、鐵、等礦物質，能滋補強身，富有營養價值，同時也能減緩糖被血液吸收的速度。

（ 常備擺盤裝飾 ）

川七花

就是川七的花朵，盛開時一小朵一小朵，呈白色星星狀，非常獨特。川七花也是食用花的一種，適用於各種料理，做為美味的配菜或增色的盤飾。

食用花

是指可以安全食用的花朵。除了可作為正餐的一部分，還可以用來裝飾擺盤。目前市面上有盒裝的食用花販售，種類繁多。食用花雖然可以吃，但仍不宜大量食用。

小豆苗

豆類植物的幼苗不但口感柔軟，營養豐富，而且造型可愛，經常在餐廳中做為擺盤墊底的菜。

生菜

可常備綜合生菜，例如綠萵苣、紅蘿蔓、芝麻菜等，不但可隨時攝取蔬菜營養，還可隨手作為各種盤飾，是非常重要的擺盤配件。

各式餐盤食器

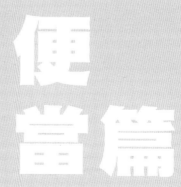

LUNCH BOX

便
當
篇

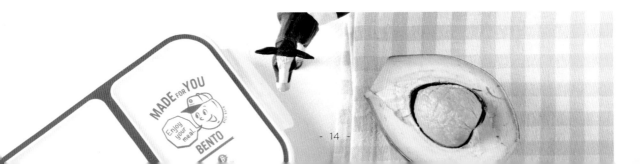

松阪豬肉便當

2 人份

乳酪鯛魚便當
👥👥 2 人份

義式烤甜椒

蒜香綠花椰

乳酪鯛魚

薏仁飯

薏仁飯

材料

薏仁……60 公克
橄欖油……10 毫升
水……500 毫升

調味料

鹽……適量

作法

1 薏仁洗淨,泡水約 2 小時,再以熱水燙過,濾乾水分後,放入冷凍庫冰一天。

2 第二天準備一鍋水煮開,放入 **1** 的薏仁,煮約 30 分鐘後撈出放入碗裡,加鹽、橄欖油拌勻即可。

乳酪鯛魚

材料

鯛魚……150 公克
橄欖油……15 毫升
雞蛋……1 顆
檸檬……1/2 顆

調味料

乳酪粉……5 公克
鹽、白胡椒粉……適量
檸檬汁……5 毫升
荷蘭芹碎……2 公克

作法

1 鯛魚洗淨擦乾水分切塊,撒上鹽、白胡椒粉。

2 雞蛋打成蛋液,加入乳酪粉以及荷蘭芹碎,混合備用。

3 起鍋倒入橄欖油,鯛魚片沾 **2** 的蛋液後放入鍋裡,以小火慢煎至兩面上色(約 6 分鐘)。

4 關火後,淋上檸檬汁。

蒜香綠花椰

材料

綠花椰⋯⋯120 公克
橄欖油⋯⋯5 毫升
蒜碎⋯⋯2 公克
水⋯⋯適量

調味料

鹽⋯⋯適量

作法

1 綠花椰去莖部以及粗皮纖維，切成小朵。
2 以湯鍋煮滾水，將綠花椰放入汆燙至翠綠色，撈起。
3 在另一鍋內倒入橄欖油，以中火加熱，放入蒜碎炒至飄香，放入綠花椰及鹽拌炒即可。

義式烤甜椒

材料

紅甜椒⋯⋯60 公克
黃甜椒⋯⋯60 公克
新鮮羅勒葉⋯⋯2 片
橄欖油⋯⋯15 毫升

調味料

鹽⋯⋯適量
巴莎米克醋⋯⋯15 毫升
研磨黑胡椒粒⋯⋯適量

作法

1 紅、黃甜椒去籽，切成三角形狀，新鮮羅勒葉切絲。
2 烤盤用錫箔紙包覆，放上紅、黃甜椒，撒上鹽、研磨黑胡椒粒、橄欖油，送入烤箱以 180 度上下火烤約 8 分鐘，拿出後拌入巴莎米克醋和新鮮羅勒葉絲。

♡ **擺盤 POINT**

可將檸檬挖空成碗，放入義式烤甜椒，擺入便當中即成一大亮點。

松阪豬肉便當

2 人份

彩蔬薏仁飯 ————
松阪豬 ————
香料小蕃茄 ————
蔥花玉子燒 ————

彩蔬薏仁飯

材料

薏仁⋯⋯60 公克
紅甜椒⋯⋯5 公克
黃甜椒⋯⋯5 公克
紅蘿蔔⋯⋯5 公克
洋蔥⋯⋯5 公克
橄欖油⋯⋯10 毫升

調味料

鹽⋯⋯適量
檸檬汁⋯⋯5 毫升

作法

1 薏仁洗淨，泡水約 2 小時，再以熱水燙過，濾乾水分後，放入冷凍庫冰一天。

2 第二天準備一鍋水煮開，放入 **1** 的薏仁，煮約 30 分鐘後撈出放入碗裡備用。

3 紅、黃甜椒去籽切成小丁，紅蘿蔔、洋蔥去皮也都切成小丁，全部材料用 100 度熱開水燙熟，倒進 **2** 的碗裡與薏仁拌勻，再加入鹽、檸檬汁、橄欖油調味。

松阪豬

材料

松阪豬⋯⋯120 公克
橄欖油⋯⋯10 毫升

調味料

鹽⋯⋯2 公克
研磨黑胡椒粒⋯⋯2 公克

作法

1 松阪豬抹橄欖油，撒上鹽、研磨黑胡椒粒調味。

2 烤箱預熱 200 度，放入 **1** 的松阪豬，烤約 15 分鐘。

3 將烤好的松阪豬取出，放涼切片。

香料小蕃茄

材料

小番茄… …120 公克
橄欖油… …15 毫升
冰水… …適量

調味料

鹽… …2 公克
綜合香料… …0.5 公克
研磨黑胡椒粒… …0.5 公克

作法

1 小番茄洗淨，在皮上輕輕的用刀劃十字。
2 準備一鍋熱水，放入小番茄燙 10 秒鐘，取出後立即泡冰水，即可去皮，擦乾備用。
3 鹽、綜合香料、研磨黑胡椒粒以及橄欖油混合拌勻，再放入 **2** 的小番茄，浸泡約 20 分鐘即可。

葱花玉子燒

材料

雞蛋… …3 顆
橄欖油… …10 毫升
青葱… …30 公克
捲壽司用竹簾

調味料

鹽… …2 公克
清水… …15 毫升

作法

1 青葱洗淨，擦乾水分切成葱花。
2 雞蛋打成蛋液，加入葱花、清水、少許鹽拌勻。
3 起鍋倒入橄欖油，以中火預熱，將葱花蛋液倒入鍋內，煎至蛋液凝固，用煎鏟捲成蛋捲狀。
4 用竹簾捲起定型，放涼後切塊。

♡ **擺盤 POINT**

· 這個便當採直式構圖，呈現規則層次感，是 OL 專屬的成熟感。
· 蛋捲的形狀討喜，顏色吸睛，而且營養又好吃，可作為擺盤的常備食材。可準備方型平底鍋，製作蛋捲就會更輕鬆。

迷迭香雞腿捲便當

👥 2 人份

 ## 燒烤雞腿串便當

👥 2 人份

迷迭香雞腿捲便當

👥👥 2 人份

煎炸酪梨條

迷迭香雞腿

糙米飯

櫛瓜玉子燒

糙米飯

材料

糙米……140 公克
橄欖油……5 毫升
水……250 毫升

作法

1. 糙米洗淨後浸泡 2 小時。
2. 濾乾水份後，放入電鍋內鍋，加入水 250 毫升以及橄欖油。
3. 電鍋外鍋加 2 杯水，等到開關跳起，再燜 15 分鐘即可。

迷迭香雞腿

材料

去骨雞腿……220 公克
橄欖油……10 毫升
錫箔紙……1 片
紅蘿蔔……20 公克
白蘿蔔……20 公克

調味料

鹽……2 公克
研磨黑胡椒粒……2 公克
迷迭香碎……0.5 公克

作法

1. 去骨雞腿打平劃刀。
2. 錫箔紙亮面塗上薄薄的橄欖油，放上 **1** 的雞肉，雞皮朝下，雞肉朝上，撒上鹽、研磨黑胡椒粒以及迷迭香碎備用。
3. 紅蘿蔔、白蘿蔔去皮切成小條狀，用 100 度熱水燙熟。
4. 將 **3** 的紅白蘿蔔擺放在 **2** 的雞肉上，再用錫箔紙捲起，放入電鍋，外鍋加水 1 杯，約蒸 15 分鐘。
5. 取出後放約 5 分鐘，拆掉錫箔紙，擦乾表面水分，用橄欖油煎至上色，取出後切成圓塊狀。

櫛瓜玉子燒

材料

雞蛋……3 顆
綠櫛瓜……50 公克
黃櫛瓜……50 公克
橄欖油……15 毫升
捲壽司用竹簾

調味料

乳酪粉……5 公克
鹽……2 公克
研磨黑胡椒粒……0.5 公克
水……15 毫升

作法

1 綠、黃櫛瓜洗淨切碎。
2 雞蛋打成蛋液，加水、乳酪粉、鹽、研磨黑胡椒粒混合拌勻，再加入 **1** 的綠、黃櫛瓜碎。
3 起鍋倒入橄欖油，以中火預熱，將 **2** 的櫛瓜蛋液倒入鍋內，煎至蛋液凝固，用煎鏟捲成蛋捲狀。
4 用竹簾捲起定型，放涼後切塊。

煎炸酪梨條

材料

酪梨……120 公克
雞蛋……1 顆
橄欖油……80 毫升
麵包粉……80 公克

調味料

鹽……適量
研磨黑胡椒粒……適量
紅椒粉……適量

作法

1 酪梨對切後，去籽去皮，切成長條狀。
2 雞蛋打成蛋液。
3 將切好的酪梨拌入鹽、研磨黑胡椒粒，再沾蛋液及麵包粉。
4 起鍋放入橄欖油，放入酪梨條，以中火煎炸至金黃色，取出後撒上紅椒粉。

糙米飯舖底，另一欄用生菜圍邊。

依序擺放酪梨條及玉子燒。

糙米飯上擺放迷迭香雞腿捲。

燒烤雞腿串便當

👥 **2 人份**

美乃滋
毛豆玉子燒
烤雞腿串
甜椒蘆筍香菇
糙米飯

糙米飯

材料

糙米……140 公克
橄欖油……5 毫升
水……250 毫升

作法

1　糙米洗淨後浸泡 2 小時。
2　濾乾水份後,放入電鍋內鍋,加入水 250 毫升以及橄欖油。
3　電鍋外鍋加 2 杯水,等到開關跳起,再燜 15 分鐘即可。

烤雞腿串

材料

雞腿去骨……220 公克
橄欖油……15 毫升
薑……5 公克
檸檬汁……10 毫升
檸檬片……2 片
竹籤……2 支
美乃滋……適量

調味料

煙燻紅椒粉……2 公克
小茴香粉……2 公克
鹽……2 公克
研磨黑胡椒粒……0.5 公克

作法

1　雞腿切成一口大小,薑洗淨切成薑末。
2　將所有調味料以及檸檬汁混合,加入 **1** 的雞腿和薑末拌勻,醃製 30 分鐘。
3　準備平底鍋倒入橄欖油,放入 **2** 的雞肉後,以中火煎至兩面上色。
4　取出 **3** 的雞肉後再放入烤箱,以 180 度烤 12 分鐘。
5　取出烤好的雞肉,再以竹籤搭配檸檬片串起來。
6　食用時沾取美乃滋。

甜椒蘆筍香菇

材料

蘆筍……120 公克
紅甜椒……15 公克
新鮮香菇……15 公克
橄欖油……15 毫升
水……適量

調味料

鹽……2 公克
研磨黑胡椒粒……適量

作法

1　蘆筍洗淨後切段，紅甜椒切條，新鮮香菇切片。
2　起鍋放入橄欖油，以中火熱油，放入新鮮香菇、紅甜椒、蘆筍及水，拌炒至蘆筍呈翠綠色，再以鹽、研磨黑胡椒粒調味即可。

毛豆玉子燒

材料

熟毛豆……50 公克
雞蛋……3 顆
橄欖油……15 毫升
捲壽司用竹簾

調味料

鹽……2 公克
白胡椒粉……適量

作法

1　將熟毛豆切碎，雞蛋打成蛋液，加入碎毛豆，再加入鹽、白胡椒粉拌匀。
2　起鍋倒入橄欖油，以中火預熱，將 **1** 的毛豆蛋液倒入鍋內，煎至蛋液凝固，用煎鏟捲成蛋捲狀。
3　用竹簾捲起定型，放涼後切塊。

♡ **擺盤 POINT**

· 根據食材形狀，將甜椒和蘆筍以直式擺置，順勢把飯分為兩邊，也是一種巧思。
· 以食用花裝飾，增添用餐氣氛。

 # 清蒸苦瓜球便當

👥 2 人份

普羅旺斯鮭魚排便當

👥👥 2 人份

鮭魚排
燉菜煲
蒜香炒野菇
糙米飯

糙米飯

材料

糙米……140 公克
橄欖油……5 毫升
水……250 毫升

作法

1. 糙米洗淨後浸泡 2 小時。
2. 濾乾水份後，放入電鍋內鍋，加入水 250 毫升以及橄欖油。
3. 電鍋外鍋加 2 杯水，等到開關跳起，再燜 15 分鐘即可。

鮭魚排

材料

鮭魚菲力（去骨去刺）
……120 公克
橄欖油……10 毫升

調味料

什錦綜合香料……0.5 公克
鹽…… 適量
研磨黑胡椒粒…… 適量
黃芥末醬……5 公克

作法

1. 鮭魚菲力洗淨後，以紙巾將水分擦乾後，撒鹽、研磨黑胡椒粒，塗上黃芥末醬，再撒上什錦綜合香料。
2. 起鍋放入橄欖油，以中火煎 **1** 的鮭魚菲力，直到四面煎上色，後轉小火慢煎至熟即可。

燉菜煲

材料

紅甜椒……20 公克
黃甜椒……20 公克
洋蔥……20 公克
茄子……15 公克
綠櫛瓜……15 公克
牛番茄……15 公克
大蒜……5 公克
橄欖油……15 毫升

調味料

鹽……適量
研磨黑胡椒粒……適量
什錦綜合香料……0.5 公克

作法

1 將所有蔬菜洗淨擦乾，紅甜椒、黃甜椒去籽切丁，洋蔥、茄子、綠櫛瓜也切成丁。
2 牛番茄去皮去籽切丁，大蒜切碎備用。
3 起鍋加入橄欖油，以中火放入大蒜碎炒香，再慢慢加入所有的蔬菜丁以及全部調味料，後轉慢火，加蓋燜至蔬菜變軟即可。

蒜香炒野菇

材料

洋菇……60 公克
香菇……60 公克
杏鮑菇……60 公克
大蒜……10 公克
橄欖油……15 毫升

調味料

鹽……2 公克
研磨黑胡椒粒……0.5 公克
荷蘭芹……2 公克

作法

1 將三種菇類沖水洗淨，擦乾切成大丁狀，大蒜切碎備用。
2 荷蘭芹切碎備用。
3 起鍋加入橄欖油，以中火放入三種菇類拌炒，加鹽讓菇類出水。
4 菇類出水後，放入大蒜碎炒至香味出來，再加入研磨黑胡椒粒以及荷蘭芹碎，拌炒一下，讓菇類吸收湯汁。

♡ 擺盤 POINT

· 先鋪第一層飯，擺上鮭魚及其他配菜後，再視情況補填入適量的飯。
· 用生菜為菇類墊底，讓配菜更有立體感，並增添色彩。

06 清蒸苦瓜球便當
👤👤 2 人份

清蒸苦瓜球
香料烤南瓜
甜椒炒杏菇
糙米黑米飯

糙米黑米飯

材料

糙米……70 公克
黑米……70 公克
橄欖油……5 毫升
水……250 毫升

作法

1 糙米、黑米洗淨後浸泡 2 小時。
2 濾乾水份後，放入電鍋內鍋，加入水 250 毫升以及橄欖油。
3 電鍋外鍋加 2 杯水，等到開關跳起，再燜 15 分鐘即可。

清蒸苦瓜球

材料

豬絞肉……150 公克
薑……5 公克
苦瓜……60 公克

調味料

鹽……2 公克
醬油……2.5 毫升
米酒……5 毫升
研磨黑胡椒粒……0.5 公克
水……10 毫升

作法

1 苦瓜洗淨，去籽去囊，切成四方小丁。
2 薑切成細末備用。
3 豬絞肉加鹽，攪拌到有黏性，加入薑末、醬油、米酒、水、研磨黑胡椒粒拌勻。
4 再將 3 的豬絞肉捏成球狀，然後沾裹苦瓜小丁。
5 準備電鍋，外鍋放入 1 杯水，將苦瓜球放入電鍋蒸，等開關跳起，再燜 5 分鐘即可。

甜椒炒杏菇

材料

杏鮑菇……160 公克
紅甜椒……80 公克
薑……5 公克
橄欖油……10 毫升

調味料

鹽……2 公克
研磨黑胡椒粒……0.5 公克

作法

1 杏鮑菇洗淨擦乾，切粗絲。
2 紅甜椒去籽切粗絲，薑切細末備用。
3 起鍋加入橄欖油，放入杏鮑菇以及鹽調味，待杏鮑菇炒軟後，放入紅甜椒以及薑末拌炒。
4 撒上研磨黑胡椒粒即可。

香料烤南瓜

材料

南瓜……100 公克
橄欖油……10 毫升

調味料

鹽……2 公克
研磨黑胡椒粒……0.5 公克
什錦綜合香料……0.2 公克

作法

1 南瓜洗淨去籽後切成一口大的小塊。
2 烤箱預熱 180 度，烤盤舖錫箔紙亮面朝上，將南瓜放入，撒上鹽、研磨黑胡椒粒以及什錦綜合香料和橄欖油，烤 12 分鐘即可盛盤。

> ♡ **擺盤 POINT**
>
> · 使用兩種顏色的飯，並採用壁壘分明的斜式擺法。
> · 先取少量甜椒炒杏菇舖底，目的是墊高後續擺入的苦瓜球，使其較為顯眼，這樣拍照比較好看。
> · 接著在空隙處塞入餘菜，最後以蘿蔔葉點綴，增加色彩。

 雞肉玉米煎便當

2 人份

歐風鯖魚便當

👥 2 人份

雞肉玉米煎便當

👥👥 2 人份

烤彩色蘿蔔
雞肉玉米煎
馬告彩椒玉子燒
糙米黑米飯

糙米黑米飯

材料

糙米……70 公克
黑米……70 公克
橄欖油……5 毫升
水……250 毫升

作法

1 糙米、黑米洗淨後浸泡 2 小時。
2 濾乾水份後,放入電鍋內鍋,加入水 250 毫升以及橄欖油。
3 電鍋外鍋加 2 杯水,等到開關跳起,再燜 15 分鐘即可。

雞肉玉米煎

材料

雞胸肉……150 公克
玉米粒(罐頭)……50 公克
薑……5 公克
青蔥……15 公克
橄欖油……15 毫升

調味料

紅椒粉……2 公克
鹽……2.5 公克
研磨黑胡椒粒……0.5 公克

作法

1 將雞胸去皮切片,先切細條狀再切成碎狀。
2 玉米粒瀝乾水分,薑以及青蔥都切成碎粒。
3 將切碎的雞胸肉和 2 的材料及調味料混合,攪拌至肉出黏性後,將肉分成 6 等分,捏壓成肉餅狀。
4 起鍋加入橄欖油,開中火,放入雞肉玉米餅,兩面煎上色後轉小火,加蓋燜 5 分鐘即可。

烤彩色蘿蔔

材料

彩色胡蘿蔔……120 公克
去皮大蒜……5 公克
橄欖油……15 毫升

調味料

鹽……2 公克
研磨黑胡椒……0.5 公克
新鮮百里香……0.2 公克

作法

1 彩色胡蘿蔔洗淨對剖，去皮大蒜切成碎，新鮮百里香切碎備用。

2 將**1**的食材全部混合一起拌入橄欖油、鹽以及研磨黑胡椒粒。

3 烤箱預熱到180度，將**2**食材放入烤盤，烤到彩色胡蘿蔔熟軟並保有口感的程度（約 25 分鐘）。

馬告彩椒玉子燒

材料

雞蛋……3 顆
紅甜椒……20 公克
黃甜椒……20 公克
橄欖油……10 毫升
捲壽司用竹簾

調味料

馬告……2 公克
鹽……2 公克
清水……15 毫升

作法

1 紅黃甜椒洗淨去籽，切成細末。

2 馬告切成碎，雞蛋打成蛋液備用。

3 將**1**和**2**混合一起加入鹽和清水拌勻。

4 起鍋倒入橄欖油，以中火預熱，將馬告彩椒液倒入鍋內，煎至蛋液凝固，鍋邊捲成蛋捲狀。

5 用竹簾捲起定型，放涼後切塊。

♡ 擺盤 POINT

· 因主菜和配菜的色系較接近，可加入小番茄起到吸睛的效果。

· 拍照時可將蘿蔔散開堆疊出層次感。

08 歐風鯖魚便當

👤👤👤 2 人份

薄鹽鯖魚
蒜香小松菜
水煮蛋
糙米黑米飯

糙米黑米飯

材料

糙米⋯⋯70 公克
黑米⋯⋯70 公克
橄欖油⋯⋯5 毫升
水⋯⋯250 毫升

作法

1 糙米、黑米洗淨後浸泡 2 小時。

2 濾乾水份後，放入電鍋內鍋，加入水 250 毫升以及橄欖油。

3 電鍋外鍋加 2 杯水，等到開關跳起，再燜 15 分鐘即可。

薄鹽鯖魚

材料

薄鹽鯖魚片⋯⋯160 公克
黃檸檬⋯⋯15 公克
綠檸檬⋯⋯15 公克
橄欖油⋯⋯5 毫升

調味料

煙燻紅甜椒粉⋯⋯0.5 公克
胡荽粉⋯⋯0.2 公克
鹽⋯⋯適量
研磨黑胡椒粒⋯⋯適量

作法

1 鯖魚片洗淨後將水擦乾，黃、綠檸檬切厚片，於檸檬片兩面撒上鹽和研磨黑胡椒粒。

2 將 **1** 鯖魚片撒上煙燻紅甜椒粉及胡荽粉備用。

3 起鍋加入橄欖油，將鯖魚放入鍋，以中火煎至皮脆呈金黃色，再翻面續煎至熟。

4 再將黃、綠檸檬片放入 **3** 鍋裡，一起煎至上色即可。

蒜香小松菜

材料

小松菜 100 … … 公克
大蒜碎 … … 10 公克
橄欖油 … … 10 毫升

調味料

鹽 … … 適量
研磨黑胡椒粒 … … 適量

作法

1 小松菜洗淨後去掉蒂頭，切成小段，用熱水燙過後泡冷水，濾乾水份備用。

2 起鍋加入橄欖油，以中火炒大蒜碎，加入**1**的小松菜，以鹽、研磨黑胡椒粒調味。

水煮蛋

材料

雞蛋 … … 2 顆
冷水 … … 1 公升

調味料

鹽 … … 5 公克
白醋 … … 10 毫升

作法

1 雞蛋洗淨備用。

2 盛一鍋冷水，放入帶殼雞蛋、鹽、白醋。

3 用大火煮開後轉小火 2 分鐘。

4 關火後，置放 5 分鐘再取出，另泡冷水一下，再去殼，以切蛋器切成片狀。

 ♡ **料理 POINT**

· 水煮蛋裡加入鹽和白醋，能加快煮熟，也比較容易剝殼。

♡ **擺盤 POINT**

· 便當採用行列式構圖，將兩種米飯分隔擺放，水煮蛋一片一片排放，小松菜亦一根根整齊直式擺放，再放上主菜即可。

烤蘇格蘭蛋便當

👥👥 2 人份

10 番茄鑲肉便當

👥 2 人份

09 烤蘇格蘭蛋便當
👤👤👤 2 人份

彩椒青花椰菜 ——
烤蘇格蘭蛋 ——
蘿蔔開胃菜 ——
糙米黑米飯 ——

糙米黑米飯

材料

糙米⋯⋯70 公克
黑米⋯⋯70 公克
橄欖油⋯⋯5 毫升
水⋯⋯250 毫升

作法

1 糙米、黑米洗淨後浸泡 2 小時。
2 濾乾水份後，放入電鍋內鍋，加入水 250 毫升以及橄欖油。
3 電鍋外鍋加 2 杯水，等到開關跳起，再燜 15 分鐘即可。

烤蘇格蘭蛋

材料

雞蛋⋯⋯3 顆
牛絞肉⋯⋯120 公克
洋蔥碎⋯⋯30 公克
橄欖油⋯⋯10 毫升
全麥麵粉⋯⋯適量

調味料

小茴香粉⋯⋯0.5 公克
白醋⋯⋯10 毫升
鹽⋯⋯7 公克
研磨黑胡椒粒⋯⋯適量

作法

1 雞蛋先洗淨，將 1 顆打成蛋液備用。另 2 顆放入冷水鍋中，加鹽 5 公克及適量白醋，用大火煮開後轉小火 2 分鐘，關火後燜 5 分鐘後取出另泡冷水，再去殼備用。
2 起鍋放入橄欖油，炒香洋蔥碎，加入小茴香粉、鹽 2 公克以及研磨黑胡椒粒，拌勻放涼。
3 牛絞肉加入 2 的配料，攪拌產生黏性後，並拍打出多餘空氣，分成兩份。
4 拿一份 3 的絞肉包裹 1 顆水煮蛋，沾蛋液後，再沾取適量全麥麵粉。
5 烤箱預熱 180 度，放入 4 的絞肉裹蛋，烘烤約 20 分鐘，取出切半即可。

彩椒青花椰菜

材料

雙色甜椒……50 公克
綠花椰菜……50 公克
大蒜碎……5 公克
橄欖油……5 毫升
水……500 毫升

調味料

鹽……2 公克

作法

1 雙色甜椒去籽,切成塊狀。綠花椰菜去梗部的粗纖維,切成小朵狀。
2 燒一鍋開水,放入甜椒、綠花椰菜稍微燙過備用。
3 起鍋放入橄欖油,以中小火放入大蒜碎炒香,再放入 **1** 的燙過蔬菜,加入鹽調味即可。

蘿蔔開胃菜

材料

白蘿蔔……100 公克
白芝麻……2 公克
紅辣椒碎……5 公克
橄欖油……10 毫升

調味料

鹽……5 公克
蘋果醋……30 毫升

作法

1 白蘿蔔去皮切成菱形狀,用鹽醃抓一下,稍待出水,用冷開水洗去鹽分瀝乾。
2 在 **1** 的白蘿蔔裡加入紅辣椒碎、蘋果醋、橄欖油拌勻,再撒上白芝麻即可。

♡ 擺盤 POINT

· 這個便當的菜色本身就五彩繽紛,因此可採用透明保鮮盒盛裝,更加顯色可口。

· 底部舖飯時,先預留一小口飯,等菜色順序舖好,可以用來補空隙。

番茄鑲肉便當

👥👤 2 人份

番茄鑲肉
烤鮮香菇
椒麻白花椰菜
糙米飯

糙米飯

材料

糙米……140 公克
橄欖油……5 毫升
水……250 毫升

作法

1 糙米洗淨後浸泡 2 小時。
2 濾乾水份後,放入電鍋內鍋,加入水 250 毫升以及橄欖油。
3 電鍋外鍋加 2 杯水,等到開關跳起,再燜 15 分鐘即可。

番茄鑲肉

材料

中型牛番茄……2 粒
牛絞肉……250 公克
洋蔥碎……60 公克
大蒜碎……10 公克
新鮮荷蘭芹……2 公克
雞蛋……1 顆
橄欖油……10 毫升

調味料

鹽……2.5 公克
研磨黑胡椒粒……適量

作法

1 牛番茄洗淨,用刀切掉約1/3 的番茄頭,用湯匙將籽挖掉備用。
2 起鍋放入橄欖油,以中火炒香洋蔥碎和大蒜碎,加入鹽、研磨黑胡椒粒調味,炒至金黃色,放冷備用。
3 雞蛋打成蛋液。加入牛絞肉以及 **2** 的材料,攪拌至產生黏性,並拍打出多餘空氣,分成兩份。
4 輕輕的將一份 **3** 的絞肉塞入 **1** 的番茄裡。
5 將 **4** 的番茄鑲肉放入烤箱,以 180 度烤約 20 分鐘。

椒麻白花椰菜

材料

白花椰菜……100 公克
香菜根……10 公克
紅辣椒碎……5 公克
橄欖油……15 毫升

調味料

花椒粒……2 公克
鹽……2 公克

作法

1. 白花椰菜洗淨，除去梗部粗纖維，切成小朵狀，以熱水燙熟取出備用。
2. 香菜根切碎備用。
3. 起鍋倒入橄欖油，加入花椒粒，炒至花椒香味出來，再過濾成花椒油。
4. 將**1**的燙熟白花椰菜，拌入花椒油、鹽、香菜根碎、紅辣椒碎，攪拌均勻即可。

烤鮮香菇

材料

新鮮香菇……80 公克
大蒜碎……3 公克
橄欖油……5 毫升
羅勒葉……2 公克

調味料

鹽……適量

作法

1. 新鮮香菇洗淨，擦乾水分，用刀劃十字。
2. 羅勒葉切碎備用。
3. 在 **1** 的香菇裡，拌入大蒜碎、鹽、橄欖油，攪拌均勻。
4. 將 **3** 的香菇放入烤箱，以 180 度烤約 8 分鐘。取出後撒入羅勒葉拌勻即可。

♡ 擺盤 POINT

- 糙米飯與白花椰是協調色，搭配紙質便當盒，呈現日式的質樸感。
- 襯上番茄鑲肉的紅和香菇的黑，再以少許生菜點綴的綠，讓便當看起來簡約而不失可口。

11 酪梨雞肉捲便當
👥 2 人份

海鮮煎餅便當

👥👤 2 人份

酪梨雞肉捲便當
👥👥 2 人份

五穀飯
香煎黃綠櫛瓜

酪梨雞肉卷
番茄玉子燒

五穀飯

材料

五穀米……140 公克
水……140 毫升
橄欖油……5 毫升

作法

1　五穀米洗淨後浸泡 2 小時。
2　濾乾水份後，放入電鍋內鍋，加入水以及橄欖油。
3　電鍋外鍋加 2 杯水，等到開關跳起，再燜15 分鐘即可。

酪梨雞肉捲

材料

雞胸肉（去皮）……120 公克
酪梨……80 公克
橄欖油……15 毫升

調味料

鹽……2 公克
研磨黑胡椒粒……適量

作法

1　雞胸肉切薄片，約 6 片。
2　酪梨去皮去籽，切成 6 等分。
3　將酪梨放在雞肉片上，均勻的捲起來，撒上鹽以及研磨黑胡椒粒。
4　起鍋倒入橄欖油，以中火煎 3 的酪梨雞肉捲，煎至兩面上色，全熟後即可。

香煎黃綠櫛瓜

材料

綠櫛瓜⋯⋯60 公克
黃櫛瓜⋯⋯60 公克
橄欖油⋯⋯15 毫升

調味料

綜合香料⋯⋯0.5 公克
鹽⋯⋯2 公克
研磨黑胡椒粒⋯⋯適量

作法

1　綠、黃櫛瓜洗淨，切成 1 公分厚度的圓片。
2　將 **1** 的櫛瓜圓片拌入綜合香料、鹽、研磨黑胡椒粒，攪拌均勻。
3　起鍋倒入橄欖油，以中火煎 **2** 的櫛瓜片至兩面上色，加鍋蓋，轉小火燜 2 分鐘即可。

番茄玉子燒

材料

雞蛋⋯⋯3 顆
牛番茄⋯⋯60 公克
橄欖油⋯⋯10 毫升
捲壽司用竹簾

調味料

鹽⋯⋯2 公克

作法

1　牛番茄洗淨，切成薄片狀。
2　雞蛋打成蛋液，加鹽拌勻。
3　起鍋倒入橄欖油，以中火預熱，將 **2** 的蛋液倒入鍋內，煎至蛋液略凝固後，放入番茄薄片，用煎鏟捲成蛋捲狀。
4　用竹簾捲起定型，放涼後切片。

♡ 擺盤 POINT

· 這道便當的擺盤重點是採飯菜分離，視覺感受十分豐盛可口，可觀看示範影片喔！

示範影片

海鮮煎餅便當
👥 2 人份

五穀飯
彩椒佐巴莎米克醋
海鮮煎餅
鮮菇毛豆仁

五穀飯

材料

五穀米……140 公克
水……140 毫升
橄欖油……5 毫升

作法

1 五穀米洗淨後浸泡 2 小時。
2 濾乾水份後，放入電鍋內鍋，加入水以及橄欖油。
3 電鍋外鍋加 2 杯水，等到開關跳起，再燜 15 分鐘即可。

海鮮煎餅

材料

鯛魚……90 公克
蝦仁……90 公克
青蔥……20 公克
橄欖油……15 毫升

調味料

紅甜椒粉……2 公克
醬油……10 毫升
鹽……2 公克
研磨黑胡椒粉……適量

作法

1 蝦仁去腸泥。將鯛魚、蝦仁、青蔥分別用刀子切碎備用。
2 將 1 的材料裡加入全部調味料拌勻。
3 將 2 的魚蝦泥用手來回拋甩後，分成四等分，再整型成圓扁狀。
4 起鍋放入橄欖油，以中小火煎 4 的海鮮餅，兩面煎至金黃色，轉小火加蓋燜約 2 分鐘即可。

鮮菇毛豆仁

材料

新鮮香菇……30 公克
洋菇……30 公克
紅甜椒……10 公克
毛豆仁……20 公克
大蒜碎……5 公克
橄欖油……10 毫升

調味料

鹽……適量
研磨黑胡椒粒……適量

作法

1 新鮮香菇、洋菇洗淨切丁狀;紅甜椒去籽洗淨也切丁狀。

2 毛豆仁先用熱水燙過,泡冷水後濾掉水份備用。

3 起鍋放入橄欖油,以中火炒香兩種菇類,然後加鹽讓菇類出水,再加入大蒜碎、紅甜椒丁、毛豆仁拌炒,最後撒上研磨黑胡椒粒即可。

彩椒佐巴莎米克醋

材料

紅甜椒……70 公克
黃甜椒……70 公克
橄欖油……10 毫升

調味料

鹽……2 公克
研磨黑胡椒……2 公克
巴莎米克醋……5 毫升
荷蘭芹碎……0.2 公克

作法

1 紅、黃甜椒去籽洗淨,切成條狀。

2 起鍋放入橄欖油,以中小火將紅黃甜椒條拌炒,加入鹽以及研磨黑胡椒粒。

3 接著加入巴莎米克醋拌勻,最後關火加入荷蘭芹碎即可。

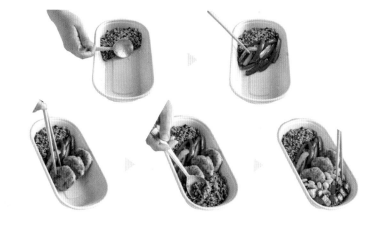

♡ 擺盤 POINT

- 這次採用斜式擺盤。將飯與菜斜斜擺放,呈現另一種視覺美感。
- 若一道菜裡有多種食材,可一一挑夾出來,排列整齊。例如毛豆排一列,甜椒排一列,自然就能產生設計感。

13 香蒜鮮蝦便當

👥👥 2 人份

SPRING SECRETS
+ the tastiest chicken
+ the ultimate sandwich
+ the sweetest tarts
+ the prettiest crêpes

燒烤透抽便當

👥👤 2 人份

13 香蒜鮮蝦便當
👥 2 人份

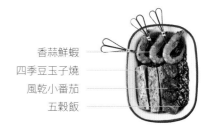

香蒜鮮蝦
四季豆玉子燒
風乾小番茄
五穀飯

五穀飯

材料

五穀米……140 公克
水……140 毫升
橄欖油……5 毫升

作法

1　五穀米洗淨後浸泡 2 小時。
2　濾乾水份後，放入電鍋內鍋，加入水以及橄欖油。
3　電鍋外鍋加 2 杯水，等到開關跳起，再燜 15 分鐘即可。

香蒜鮮蝦

材料

大白蝦……120 公克
大蒜碎……10 公克
辣椒碎……5 公克
橄欖油……15 毫升

調味料

鹽……2 公克
研磨黑胡椒粒……2 公克
香菜碎……2 公克

作法

1　將大白蝦洗淨去腸泥，去掉身體中間的殼，留蝦頭和蝦尾。
2　起鍋放入橄欖油，以中火炒香大蒜碎，再加入 **1** 的大白蝦，煎至蝦身變紅。
3　再加入辣椒碎、鹽、研磨黑胡椒粒拌炒，放入香菜碎後即可關火再拌勻。
4　將大白蝦以造型竹籤串起。

四季豆玉子燒

材料

雞蛋……3 顆
四季豆……30 公克
橄欖油……10 毫升
捲壽司用竹簾

調味料

鹽……2 公克
研磨黑胡椒粒……2 公克

作法

1 四季豆先用熱水燙過，再泡入冷水，撈起擦乾水份，切碎備用。

2 雞蛋打成蛋液，加入鹽、研磨黑胡椒粉拌勻。

3 起鍋倒入橄欖油，以中火預熱，將 **2** 的蛋液倒入鍋內，煎至蛋液略凝固，放入 **1** 的四季豆，用煎鏟捲成蛋捲狀。

4 用竹簾捲起定型，放涼後切塊。

風乾小番茄

材料

小番茄……120 公克
橄欖油……10 毫升

調味料

鹽……適量
研磨黑胡椒粒……適量
綜合什錦香料……0.5 公克

作法

1 將小番茄洗淨剖半，放在烤盤上，撒上全部調味料，再淋上橄欖油。

2 烤箱先以 160 度烤約 8 分鐘後，再調至 200 度烤 2 分鐘即可。

♡ 擺盤 POINT

· 將大白蝦以造型竹籤串起，就成為便當的亮點。

· 同樣是玉子燒，但可變換樣式，切成長條狀。

· 為了更好的拍照效果，擺盤時可在小番茄下面補舖一層飯來墊高，不要有凹陷，拍照時才不會有暗影。

燒烤透抽便當

👤👤 2 人份

糙米飯
五穀飯
香料小洋芋
海苔玉子燒
燒烤透抽

五穀飯

材料

五穀米⋯⋯140 公克
水⋯⋯140 毫升
橄欖油⋯⋯5 毫升

作法

1 五穀米洗淨後浸泡 2 小時。

2 濾乾水份後,放入電鍋內鍋,
加入水以及橄欖油。

3 電鍋外鍋加 2 杯水,等到開關
跳起,再燜 15 分鐘即可。

糙米飯

材料

糙米⋯⋯140 公克
橄欖油⋯⋯5 毫升
水⋯⋯250 毫升

作法

1 糙米洗淨後浸泡 2 小時。

2 濾乾水份後,放入電鍋內鍋,加入水 250 毫升以及橄欖油。

3 電鍋外鍋加 2 杯水,等到開關跳起,再燜 15 分鐘即可。

燒烤透抽

材料

透抽⋯⋯180 公克
橄欖油⋯⋯10 毫升
芝麻菜(或生菜)

調味料

胡荽粉⋯⋯0.5 公克
紅甜椒粉⋯⋯0.5 公克
鹽⋯⋯2 公克
研磨黑胡椒粒⋯⋯適量

作法

1 將透抽洗淨,把頭、內臟、透
明軟層以及墨囊取出, 將身體
劃刀,頭部保留備用。

2 將調味料全部混勻,塗抹在 1 的透抽上。

3 烤箱設定 180 度,將 2 的透抽放入烤盤,淋上橄欖油烤 10 分
鐘後,再轉 200 度再烤 2 分鐘即可。

> 🤍 **食材 POINT**
>
> ・「透抽」是一種低熱量、高營養的食材,蛋白質含量相當
> 豐富,脂肪含量則不到 2%,非常適合減肥的人食用喔!

海苔玉子燒

材料

雞蛋⋯⋯3 顆
海苔⋯⋯2 片
橄欖油⋯⋯10 毫升
捲壽司用竹簾

調味料

醬油⋯⋯5 毫升
白芝麻⋯⋯2 公克

作法

1 雞蛋打成蛋液,加入調味料攪拌均勻。
2 起鍋倒入橄欖油,開中火將蛋液倒入鍋內,煎至蛋液略凝固,放 2 片海苔片舖平,用煎鏟捲成蛋捲狀。
3 用竹簾捲起定型,放涼後切片。

香料小洋芋

材料

紅皮小洋芋⋯⋯100 公克
橄欖油⋯⋯10 毫升

調味料

鹽⋯⋯2 公克
研磨黑胡椒⋯⋯2 公克
綜合什錦香料⋯⋯2 公克

作法

1 紅皮小洋芋洗淨,放入鍋中,加水蓋過小洋芋,煮約 8 分鐘,取出後切開備用。
2 烤箱預熱 180 度,將 1 的小洋芋放在烤盤上,撒上全部調味料,淋上橄欖油,烤約 6 分鐘即可。

 ▶  ▶

♡ **擺盤 POINT**

· 這個便當的巧思在於使用兩款米飯,並特地捏成飯糰狀,形成擺盤的焦點。
· 用芝麻菜(或生菜)舖底,除了讓畫面增色,同時有墊高食材的作用,有利於拍攝角度。

香烤雞翅便當

16 烤豬肉丸子便當

👥 2人份

香烤雞翅便當

👥👥 2 人份

糙米飯
番茄炒嫩蛋
蘆筍炒杏菇
香烤雞翅

糙米飯

材料

糙米……140 公克
橄欖油……5 毫升
水……250 毫升

作法

1 糙米洗淨後浸泡 2 小時。

2 濾乾水份後，放入電鍋內鍋，加入水 250 毫升以及橄欖油。

3 電鍋外鍋加 2 杯水，等到開關跳起，再燜 15 分鐘即可。

香烤雞翅

材料

雞翅（二節翅）……160 公克
橄欖油……10 毫升

調味料

紅甜椒粉……2.5 公克
綜合什錦香料……2.5 公克
鹽……5 公克
研磨黑胡椒粒……0.5 公克

作法

1 雞翅先劃刀（可幫助醃料入味），將調味料全部混合，放入雞翅醃漬約 30 分鐘。

2 烤箱預熱 180 度，將雞翅放入烤盤，淋上橄欖油，烤約 10 分鐘。再調至 200 度烤 6 分鐘即可。

蘆筍炒杏菇

材料

杏鮑菇………60 公克
蘆 筍………80 公克
紅 葱 頭………5 公克
橄欖油………10 毫升

調味料

鹽………2 公克
研磨黑胡椒粒………0.5 公克

作法

1　蘆筍去除粗纖維，切段。杏鮑菇切小滾刀狀，紅葱頭切碎備用。
2　起鍋倒入橄欖油，開中火放入紅葱頭碎炒香，再放入蘆筍及杏鮑菇炒熟，以鹽和研磨黑胡椒粒調味。

番茄炒嫩蛋

材料

雞 蛋………3 顆
牛 番 茄………60 公克
橄欖油………10 毫升

調味料

鹽………2 公克
研磨黑胡椒粒………0.5 公克

作法

1　雞蛋打成蛋液，加入全部調味料拌勻。
2　牛番茄切成小塊。
3　起鍋倒入橄欖油，開中火放入牛番茄炒軟，加入 1 的蛋液，待蛋液凝固時再攪拌至全熟即可。

♡ 擺盤 POINT

· 使用分隔式便當，將飯菜分開，紅黃綠的配色增加食欲。
· 雞翅只要依照同一方向排列，就能顯出氣勢。

烤豬肉丸子便當

👥👥 2 人份

糙米飯 ————
蒸紅薯 ————
烤豬肉丸子 ————
菠菜捲佐亞麻籽油 ————

糙米飯

材料

糙米⋯⋯140 公克
橄欖油⋯⋯5 毫升
水⋯⋯250 毫升

作法

1 糙米洗淨後浸泡 2 小時。
2 濾乾水份後,放入電鍋內鍋,加入水 250 毫升以及橄欖油。
3 電鍋外鍋加 2 杯水,等到開關跳起,再燜 15 分鐘即可。

烤豬肉丸子

材料

低脂豬絞肉⋯⋯200 公克
薑⋯⋯5 公克
洋蔥⋯⋯60 公克
橄欖油⋯⋯15 毫升

調味料

醬油⋯⋯15 毫升
香油⋯⋯5 毫升
鹽⋯⋯2 公克
研磨黑胡椒粒⋯⋯0.5 公克

作法

1 洋蔥切成小丁,薑切碎備用。
2 起鍋倒入橄欖油,開中火放入炒洋蔥小丁至金黃色,盛起放涼。
3 取大碗放入豬絞肉、薑碎以及 **2** 的洋蔥小丁,加入全部調味料混合均勻。
4 用手反覆拋甩肉團至有黏稠有筋性,再捏成圓球丸子。
5 烤箱預熱180 度,把豬肉丸子放在烤盤上烤約 6 分鐘,翻動後再烤 6 分鐘即可。

蒸紅薯

材料

紅肉地瓜……160 公克

作法

1 紅肉地瓜洗淨擦乾。

2 紅肉地瓜放入電鍋，外鍋加入約 1 又 1/2 量米杯的水量。

3 電鍋開關跳起後，外鍋再次加 1 杯水量續蒸。第二次開關跳起後，不要打開鍋蓋，續燜約 10 分鐘。之後再以筷子試戳地瓜，若能戳入就表示已經熟了。

菠菜捲佐亞麻籽油

材料

菠菜……120 公克
亞麻籽油……5 毫升
捲壽司用竹簾

調味料

海鹽……適量

作法

1 菠菜洗淨備用。

2 煮一鍋開水，將菠菜入鍋汆燙，變色後即撈起。

3 再將 **2** 的菠菜放入冰水裡冰鎮，降溫後撈起瀝乾水份，用竹簾捲起定型後再切段，最後淋上亞麻籽油及海鹽即可。

 ▶

♡ **擺盤 POINT**

· 地瓜切成圓片，是為了配合豬肉丸子的造型，排列起來整齊好看。

· 家常的菠菜，經過定型再切段之後，以嶄新的面貌成為便當的亮點。

BRANCH

早午餐

01 普羅旺斯燉蔬菜蛋捲

#普羅旺斯　#蛋捲　#蔬菜

材料

雞蛋……3 顆
紅甜椒……15 公克
黃甜椒……15 公克
洋蔥……15 公克
綠櫛瓜……10 公克
黃櫛瓜……10 公克
茄子……10 公克
牛番茄……10 公克
大蒜碎……5 公克
紅蔥頭碎……2 公克
什錦萵苣……30 公克
食用花……1 朵
橄欖油……30 毫升

調味料

鹽……適量
研磨黑胡椒粉……適量
巴莎米克醋……10 毫升
亞麻籽油……30 毫升

作法

1 雞蛋打成蛋液備用。

2 紅、黃甜椒（去籽）、洋蔥、綠櫛瓜、黃櫛瓜、茄子、牛番茄（去皮去籽）全部切成小丁狀。

3 什錦萵苣洗淨，濾乾水份備用。

4 巴莎米克醋加入亞麻籽油、鹽、研磨黑胡椒粉、紅蔥頭碎混合均勻成醬汁，置放約 20 分鐘。

5 起鍋放入 15 毫升橄欖油，以中火炒香大蒜碎，後加入 **2** 的所有蔬菜丁，以鹽、研磨黑胡椒粉調味，轉小火加蓋，燉 10 分鐘等蔬菜軟後關火備用。

6 另起一鍋，放入餘量的橄欖油，放入蛋液煎到蛋液快凝固時，把作法 **5** 的蔬菜放入蛋中，將它包起成蛋捲。

7 將什錦萵苣舖在盤子，淋上 **4** 的醬汁，灑上食用花，再擺上蔬菜蛋捲即可。

♡ **拍攝 POINT**

· 選擇黑色盤子來突顯菜色的繽紛亮麗，不但增進食欲，也讓攝影畫面更加豐富漂亮。

· 早午餐的拍攝重點，在於營造自然晨光的感覺。

西班牙煎蛋搭香辣馬鈴薯

#西班牙　#馬鈴薯　#煎蛋　#Tabasco　#牛番茄

材料

雞蛋……2 顆
馬鈴薯……160 公克
牛番茄……50 公克
洋蔥……20 公克
橄欖油……100 毫升
什錦萵苣……30 公克
櫻桃……2 顆
食用花……1 朵

調味料

鹽……適量
Tabasco 辣椒醬……15 毫升
研磨黑胡椒粒……適量
煙燻紅椒粉……5 公克
無糖優格……15 公克

作法

1 起鍋加入約 80 毫升的橄欖油，以中火打入 2 顆雞蛋，煎成荷包蛋，蛋白外圍圈要煎得酥脆焦焦的，這是西班牙煎蛋的特色。

2 馬鈴薯洗淨，切成滾刀狀。牛番茄和洋蔥也切成滾刀狀。

3 烤箱預熱至 180 度。將切好的馬鈴薯放入烤盤，淋上少量橄欖油，烤約 30 分鐘。

4 另起一鍋，加入剩下的橄欖油，放進洋蔥以中火炒軟，再加入牛番茄、Tabasco 辣椒醬拌炒，接著加入 **3** 的馬鈴薯、鹽、煙燻紅椒粉、研磨黑胡椒粒，拌勻慢炒即可。

♡ **擺盤 POINT**

· 將香辣馬鈴薯、荷包蛋盛盤，搭配什錦萵苣和櫻桃，無糖優格則用小碟子盛裝，供香辣馬鈴薯沾取食用。

03 蘆筍水波蛋佐全麥麵包

＃水波蛋　＃清爽　＃蘆筍　＃全麥

材料

雞蛋……2 顆
蘆筍……50 公克
全麥麵包……1 片
什錦萵苣……30 公克
水……600 毫升
食用花……1 朵

調味料

鹽……適量
研磨黑胡椒粉……適量
白醋……10 毫升

作法

1 準備一鍋水，加入適量的鹽、白醋，等水煮開後轉小火。將蛋靠近水面慢慢打入，用勺子輕輕攪拌，讓蛋持續慢慢轉動，等定型後再撈起，就完成水波蛋。

2 把蘆筍根部較硬的纖維，以削皮刀削掉。

3 準備一鍋水，加入適量的鹽，煮開後放入蘆筍燙軟備用。

4 全麥麵包以烤箱烤熱後，上面擺放水波蛋，並灑上研磨黑胡椒粉。

5 什錦萵苣、蘆筍與 **4** 的麵包、水波蛋一起盛盤。

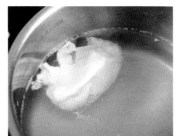

♡ **拍攝 POINT**

‧ 拍攝時，可將水波蛋以叉子稍稍戳破，流出蛋黃；周邊擺放麵包及屑屑，可營造正在大快朵頤的動感。

鮮蝦清蔬北非小米襯炒嫩蛋

\# 蝦仁　\# 北非小米　\# 蛋　\# 蔬菜　\# 庫斯庫斯　\# 健康　\# 營養

材料

北非小米（couscous 庫斯庫斯）
⋯⋯80 公克
熱水⋯⋯80 毫升
小番茄⋯⋯30 公克
紫洋蔥⋯⋯20 公克
小黃瓜⋯⋯20 公克
蝦仁⋯⋯60 公克
黑橄欖⋯⋯10 公克
薄荷葉⋯⋯5 片
雞蛋⋯⋯2 顆
鮮奶⋯⋯30 毫升
橄欖油⋯⋯60 毫升
什錦萵苣⋯⋯20 公克
食用花⋯⋯1 朵

調味料

檸檬汁⋯⋯45 毫升
鹽⋯⋯適量
研磨黑胡椒粉⋯⋯適量

作法

1 北非小米先放在碗中和熱水混合攪拌，封上保鮮膜，燜 15 分鐘，讓北非小米漲開。

2 準備一鍋水煮開後，放入蝦仁燙約 2 分鐘後，濾乾水份切成小丁。

3 小番茄去蒂切成兩半，小黃瓜去籽切小丁，紫洋蔥切成細末，黑橄欖切圈，薄荷葉切碎。

4 取橄欖油 45 毫升，加入檸檬汁、鹽、研磨黑胡椒粒，混合攪拌成醬汁。

5 在北非小米裡加入 **2** 的蝦仁、**3** 的全部食材和 **4** 的醬汁，混合攪拌。

6 雞蛋打成蛋液，加入鮮奶、鹽攪拌。起鍋放入剩下的橄欖油，以中火放入蛋液拌炒至半熟程度。（視個人喜好的口感）

♡ **擺盤 POINT**

· 北非小米又稱「庫斯庫斯」「古斯米」，是用粗麥粉與水搓揉製成的一種麵食。庫斯庫斯不但健康營養，烹煮簡單快速，進口超市或食材專賣店都能買到，

· 選擇青色花紋瓷盤來盛盤，整體配色清爽，視覺效果很舒服，黃色嫩蛋成為亮點。

05 野菇炒嫩蛋襯雜糧麵包

 #蘑菇　 #鴻喜菇　 #蛋　#綠花椰　#雜糧麵包

材料

香菇⋯⋯15 公克
蘑菇⋯⋯15 公克
鴻喜菇⋯⋯15 公克
雞蛋⋯⋯3 顆
大蒜碎⋯⋯5 公克
綠花椰菜⋯⋯20 公克
小番茄⋯⋯15 公克
什錦萵苣⋯⋯20 公克
食用花⋯⋯1 朵
雜糧麵包⋯⋯2 片

調味料

鹽⋯⋯適量
研磨黑胡椒粉⋯⋯適量

作法

1 香菇、蘑菇、鴻喜菇洗淨擦乾，切成片狀。

2 綠花椰菜切成小朵狀，小番茄切半備用。

3 雞蛋打成蛋液備用。

4 起鍋加入 15 毫升橄欖油，以中火炒三種菇類，加入少許的鹽讓菇類出水，等到菇類上色且縮小時放入大蒜碎拌炒，灑上研磨黑胡椒粒，接著把蛋液加入一起拌炒成微微凝固狀。

5 另起一鍋熱水，放入綠花椰菜汆燙後拿起。

♡ **擺盤 POINT**

・將野菇炒嫩蛋呈開放式擺放雜糧麵包上，綠花椰菜和小番茄做為配菜，選用木質端盤盛裝，營造野餐的輕鬆氣氛。

06 烤甜椒佐全麥麵包襯水煮蛋

甜椒　# 全麥　# 水煮蛋

材料

紅甜椒……60 公克
黃甜椒……60 公克
大蒜碎……5 公克
新鮮羅勒葉……2 公克
雞蛋……2 顆
全麥麵包……2 片
橄欖油……10 毫升

調味料

鹽……適量
白醋……15 毫升
巴莎米克醋……10 毫升

作法

1 烤箱預熱到180度，放入紅黃甜椒烤約20分鐘，表面微焦後，取出去皮去籽，切成細條狀。

2 新鮮羅勒葉切碎，加入大蒜碎，再和 **1** 的甜椒拌在一起，加入鹽、巴莎米克醋、橄欖油拌勻。

3 準備一鍋水，加鹽、白醋，放入雞蛋，用大火煮開後，轉小火煮 2 分鐘。

4 關火後，等 5 分鐘再取出，浸泡冷水後去殼，即成水煮蛋，切片備用。

♡ **擺盤 POINT**

· 全麥麵包擺上紅黃甜椒再搭配水煮蛋，形成非常賞心悅目的畫面。

· 選擇冷調的背景更能讓菜色聚焦。

07 豆腐雞肉煎餅佐酪梨培根捲

材料

板豆腐……120 公克
雞胸……80 公克
蝦夷蔥或青蔥……30 公克
薑末……5 公克
蛋黃……1 顆
酪梨……80 公克
培根……2 片
橄欖油……15 毫升

調味料

鹽……適量
研磨黑胡椒粒……適量

作法

1 板豆腐先用手壓出水份，再以紙巾擦乾。

2 雞胸去皮切成絞肉狀，蔥切成蔥花。

3 將板豆腐、雞胸肉和蛋黃、薑末、蔥花、鹽、研磨黑胡椒粒一起混合，用手輕攪拌勻，再揉成餅狀。

4 酪梨去皮去籽切成四等分，把培根切成適當寬度，再用培根把酪梨捲起。

5 起鍋放入橄欖油，以中火放入雞肉餅，兩面煎熟至金黃色。取出後接著煎酪梨培根捲，兩面煎上色，即可盛盤。

♡ 擺盤 POINT

· 培根搭配酪梨，口感變得清爽；而且造型紅綠相襯，十分吸睛。

08 羅勒番茄雞肉巧搭西式蛋捲

材料

雞蛋⋯⋯3 顆
去皮雞胸肉⋯⋯120 公克
小番茄⋯⋯60 公克
四季豆⋯⋯60 公克
新鮮羅勒葉⋯⋯2 公克
什錦萵苣⋯⋯20 公克
橄欖油⋯⋯30 毫升
鮮奶⋯⋯15 毫升

調味料

鹽⋯⋯適量
研磨黑胡椒粉⋯⋯適量
巴莎米克醋⋯⋯5 毫升

作法

1　雞蛋打成蛋液，加入鮮奶、適量鹽，攪拌均勻備用。

2　雞胸肉以鹽、研磨黑胡椒粒醃漬。

3　熱水加適量鹽，放入四季豆汆燙至熟撈起；小番茄切半；新鮮羅勒葉切絲備用。

4　起鍋放入 15 毫升橄欖油，以中火放入醃過的雞胸肉，兩面煎熟至金黃色，然後取出。

5　原鍋放進小番茄以及燙過的四季豆，加入全部調味料及羅勒絲簡單拌炒，離火放涼。

6　另起一鍋加入剩下的橄欖油，放進 **1** 的蛋液，快速攪拌等到快凝固時捲起成西式蛋捲。

♡ 食材 POINT

· 這道菜可攝取到蔬菜纖維、蛋白質，同時熱量又低，為活力充沛的一天揭開序幕。

09 尼斯全麥三明治

#三明治　#全麥　#早午餐　#Brunch

材料

鮪魚⋯⋯80 公克
馬鈴薯⋯⋯一顆（60 公克）
四季豆⋯⋯20 公克
番茄⋯⋯30 公克
水煮蛋⋯⋯1 顆
黑橄欖⋯⋯5 公克
紫洋蔥⋯⋯10 公克
全麥麵包⋯⋯2 片
什錦萵苣⋯⋯10 公克
橄欖油⋯⋯25 毫升

調味料

鹽⋯⋯適量
研磨黑胡椒粉⋯⋯適量
檸檬汁⋯⋯15 毫升

作法

1 準備一鍋熱水，放入整顆馬鈴薯煮熟，去皮，切成 0.5 公分薄片。

2 四季豆以熱水汆燙至熟後，取出放涼。

3 番茄切成 0.5 公分片狀，紫洋蔥刨成薄片，黑橄欖切成圈片。

4 碗裡放入適量鹽、研磨黑胡椒粒及檸檬汁，加入橄欖油 15 毫升，攪拌均勻備用。

5 準備一個大碗，放入番茄片、馬鈴薯片、紫洋蔥片、黑橄欖圈、四季豆，均勻淋上 **4** 的醬汁。

6 鮪魚撒上適量鹽、研磨黑胡椒粒，用橄欖油以中火煎至兩面金黃色至熟。

7 水煮蛋切片備用。
（水煮蛋作法可參考「烤甜椒佐全麥麵包襯水煮蛋」P79）

♡ **擺盤 POINT**

· 全麥麵包 1 片舖底，依照個人喜好，依序疊上番茄片、馬鈴薯片、紫洋蔥片、黑橄欖圈、 四季豆以及切片水煮蛋，再擺上鮪魚，最後覆蓋另一片全麥麵包，以造型竹籤串起固定。

· 豐盛亮眼的造型餐點，絕對讓你的 IG 衝高按讚數！

⑩ 海鮮雜糧三明治

海鮮　# 干貝　# 鮮蝦　# 中卷　# 三明治

材料

干貝 … … 30 公克
鮮蝦 … … 30 公克
中卷 … … 30 公克
小番茄 … … 15 公克
甜豆 … … 5 公克
雜糧麵包 … … 1 片
什錦萵苣 … … 20 公克
大蒜碎 … … 5 公克
橄欖油 … … 10 毫升
荷蘭芹碎 … … 2 公克

調味料

鹽 … … 適量
研磨黑胡椒粉 … … 適量

作法

1 鮮蝦去頭、腸泥；中卷切成 0.5 公分的圈形。
2 將鮮蝦、中卷和干貝放在調理盆，加入大蒜碎、橄欖油和調味料醃製 20 分鐘。
3 甜豆用加鹽的熱水汆燙，撈起泡冰水，然後濾乾水份。小番茄切半備用。
4 起鍋放適量橄欖油（份量外），放入 **2** 的醃漬海鮮，煎熟至上色。
5 將煎好的海鮮和甜豆、小番茄鋪放在雜糧麵包，最後撒上荷蘭芹碎。

♡ **擺盤 POINT**

· 拍攝時，為了讓食材看起來鮮豔而分明，可將所有食材用筷子一個一個挑出來，再依序交錯堆疊。這樣就能呈現設計感，而不會一整團糊在一起。

11 酪梨燻鮭五穀飯捲

酪梨　# 煙燻鮭魚　# 五穀飯　# 飯捲　# 優格

五穀飯

材料

五穀米⋯⋯140 公克
水⋯⋯140 毫升
橄欖油⋯⋯5 毫升

作法

1　五穀米洗淨後浸泡 2 小時。
2　濾乾水份後，放入電鍋內鍋，加入水以及橄欖油。
3　電鍋外鍋加 2 杯水，等到開關跳起，再燜 15 分鐘即可。
4　取用五穀飯 120 公克。

材料

五穀飯⋯⋯120 公克
大片海苔⋯⋯1 片
酪梨⋯⋯50 公克
煙燻鮭魚片⋯⋯20 公克
紫萵苣⋯⋯5 公克
捲壽司用竹簾

調味料

糯米醋⋯⋯10 毫升
無糖優格⋯⋯10 公克

作法

1　煮好的五穀飯加入糯米醋拌均勻，放冷備用。
2　酪梨切成條狀；煙燻鮭魚片切成粗絲；紫萵苣切粗絲備用。
3　竹簾上先舖保鮮膜，再舖海苔，接著放上五穀飯均勻舖平。
4　在五穀飯舖上酪梨、煙燻鮭魚片、紫萵苣，淋上無糖優格，將竹簾捲起塑型，打開後分切盛盤。

♡ 擺盤 POINT

・非常清爽的一道料理！為了豐富拍攝畫面，可撒上食用花裝飾，營造春天的氣息。

12 韓式泡菜鮮蝦五穀飯捲

 #韓式泡菜　 #五穀飯　 #飯捲　#鮮蝦

五穀飯

材料

五穀米……140 公克
水……140 毫升
橄欖油……5 毫升

作法

1 五穀米洗淨後浸泡 2 小時。
2 濾乾水份後,放入電鍋內鍋,加入水以及橄欖油。
3 電鍋外鍋加 2 杯水,等到開關跳起,再燜 15 分鐘即可。
4 取用五穀飯 120 公克。

材料

五穀飯(熱)……120 公克
鮮蝦……2 隻
小黃瓜……25 公克
韓式泡菜……50 公克
紫蘇葉……2 片
海苔……1 片
捲壽司用竹簾

調味料

白芝麻……5 公克
鹽……2 公克
芝麻油……5 毫升

作法

1 在熱的五穀飯中加鹽、芝麻油,撒入白芝麻,攪拌均勻。
2 鮮蝦用竹籤從蝦尾串到蝦頭,放入燒開的滾水中汆燙至熟(水開後即可關火),接著泡冰水後去頭去殼,記得去除竹籤,此時蝦身就會拉直。
3 小黃瓜洗淨,切條狀再去籽。
4 韓式泡菜稍微擠乾水份備用。
5 竹簾上先鋪保鮮膜,再鋪海苔,接著放上五穀飯均勻鋪平。
6 在五穀飯鋪上泡菜、紫蘇葉、小黃瓜、鮮蝦,將竹簾捲起塑型,打開後分切盛盤。

♡ **食材 POINT**

· 用竹籤串鮮蝦再進行汆燙,這樣可讓蝦身拉直,不會彎曲,比較適合包入飯捲。

13 咖哩肉丸襯櫻桃藜麥沙拉

#藜麥　#咖哩　#肉丸　#櫻桃　#沙拉

熟藜麥

材料

紅藜麥……140 公克
水……120 毫升

作法

1 紅藜麥洗過後，瀝乾水份。

2 將**1**的紅藜麥放入電鍋內鍋加120 毫升水，外鍋另加1 杯水，等到開關跳起即可。

3 取30 公克使用。

材料

低脂豬絞肉……120 公克
洋蔥碎……20 公克
薑碎……5 公克
櫻桃……30 公克
熟藜麥……30 公克
什錦萵苣……50 公克
水煮蛋……1 顆
橄欖油……40 毫升

調味料

鹽……適量
咖哩粉……5 公克
研磨黑胡椒粒……適量
檸檬汁……15 毫升
米酒……20 毫升

作法

1 起鍋放入10 毫升橄欖油，以中火炒洋蔥碎及薑碎至金黃色，放涼備用。

2 豬絞肉加少量的鹽攪拌到有黏性，加入米酒、咖哩粉、研磨黑胡椒粒攪拌均勻。接著取適量捏成一顆約30 公克的肉丸。

3 烤箱預熱後，放入肉丸以180 度烤約10 分鐘，表皮上色至熟即可。

4 櫻桃去籽切對半，水煮蛋切對半。

5 剩下的橄欖油加入鹽、檸檬汁、研磨黑胡椒粒，攪拌均勻成醬汁，拌入藜麥中。

14 煙燻鮭魚藜麥沙拉

藜麥　# 煙燻鮭魚

材料

熟藜麥⋯⋯60 公克

＊作法請參照 P91 咖哩肉丸襯櫻桃
藜麥沙拉

煙燻鮭魚⋯⋯80 公克

什錦萵苣⋯⋯50 公克

全麥麵包⋯⋯2 片

橄欖油⋯⋯30 毫升

調味料

鹽⋯⋯適量

研磨黑胡椒粒⋯⋯適量

檸檬汁⋯⋯15 毫升

作法

1 先將橄欖油、鹽、研磨黑胡椒粒、檸檬汁混合攪拌一起成醬汁。

2 取 25 公克什錦萵苣切成細絲，與熟藜麥和 **1** 的醬汁一起混拌。

3 將 **2** 的藜麥沙拉盛盤，旁邊擺放煙燻鮭魚，再搭配全麥麵包。

♡ **擺盤POINT**

・可將煙燻鮭魚捲成玫瑰花型，讓畫面更加吸睛。

（玫瑰花的捲法可參照 P136 療癒花園火鍋示範影片）

⑮ 水煮雞胸佐麵包沙拉

#雞胸肉　#黃甜椒　#黑橄欖　#酸豆

材料

去皮雞胸………160 公克
黃甜椒………60 公克
小番茄………30 公克
黑橄欖………10 公克
酸豆………5 公克
大蒜碎………5 公克
羅勒葉………2 片
百里香………1 支
雜糧麵包………1 片
橄欖油………30 毫升

調味料

鹽……適量
研磨黑胡椒粒………適量
巴莎米克醋………15 毫升

作法

1 去皮雞胸洗淨，放入小鍋，加水蓋過雞胸，放入百里香和鹽，
用大火煮開後，關火燜 8 分鐘。取出後切成片狀備用。

2 用夾子夾住黃甜椒，直接拿到瓦斯火上烤至皮焦黑，再放入碗
裡加蓋燜 5 分鐘，取出後用清水洗淨去皮，切成大丁狀。

3 小番茄用熱水汆燙，去皮切半，用手稍微擠出水份。

4 黑橄欖切半，羅勒葉切粗絲，雜糧麵包切成小丁狀。

5 將巴莎米克醋、鹽、研磨黑胡椒粒、橄欖油混合一起成醬汁。

6 將雜糧麵包丁、黃椒丁、小番茄、黑橄欖、酸豆、大蒜碎、羅
勒葉粗絲混合，加入 **5** 的醬汁一起混拌均勻。

7 將 **6** 的麵包沙拉搭配 **1** 的雞胸肉盛盤上桌。

16 雞肉柚香藜麥西芹沙拉

#雞肉 #葡萄柚 #藜麥 #西芹 #沙拉

材料

去皮雞胸……160 公克
葡萄柚肉……60 公克
熟藜麥……30 公克
＊作法請參照 P91 咖哩肉丸襯櫻桃
藜麥沙拉
西芹……60 公克
紅甜椒……30 公克
百里香……1 支
橄欖油……15 毫升

調味料

鹽……適量
研磨黑胡椒粒……適量

作法

1 去皮雞胸洗淨，放入小鍋，加水蓋過雞胸，放入百里香和鹽，用大火煮開後，關火燜 8 分鐘。取出後放涼，用手撕成粗條備用。

2 葡萄柚去皮，取果肉瓣 60 公克；西芹去掉粗纖維，斜切成 0.5 公分片狀；紅甜椒去籽切成 4-5 公分條狀備用。

3 將 **1** 和 **2** 全部食材混合，加入調味料、橄欖油一起混拌，盛盤後撒上熟藜麥即可。

DINNER

晚餐

01 百里香烤羊排

＃羊排　＃香料　＃糙米

糙米飯

材料

糙米⋯⋯140 公克
橄欖油⋯⋯5 毫升
水⋯⋯250 毫升

作法

1 糙米洗淨後浸泡 2 小時。
2 濾乾水份後，放入電鍋內鍋，加入水 250 毫升以及橄欖油。
3 電鍋外鍋加 2 杯水，等到開關跳起，再燜 15 分鐘即可。
4 取糙米飯 60 公克使用。

材料

羊肩排⋯⋯180 公克
糙米飯⋯⋯60 公克
洋蔥⋯⋯60 公克
牛番茄⋯⋯60 公克
橄欖油⋯⋯15 毫升

調味料

鹽⋯⋯適量
研磨黑胡椒粒⋯⋯適量
百里香⋯⋯1 支

作法

1 羊肩排撒上適量鹽、研磨黑胡椒粒及切碎的百里香，進行醃漬。
2 洋蔥、牛番茄洗過，切成 1 公分厚的圓片狀。
3 起鍋放入橄欖油，以中火煎羊肩排，兩面煎上色取出；再放入洋蔥、牛番茄圓片也煎上色。
4 烤箱預熱至 200 度，放入羊肩排烤 8 分鐘，接著放入洋蔥、牛番茄圓片烤 4 分鐘後，一起取出。

⓿❷ 辣味烤肉泥串

\# 烤肉   \# 肉泥串

材料

牛絞肉⋯⋯160 公克
洋蔥⋯⋯20 公克
大蒜⋯⋯10 公克
糙米飯⋯⋯50 公克
＊作法請參照 P103 百里香烤羊排
全麥麵包⋯⋯1 片
竹籤⋯⋯3~4 支

調味料

原味優格（無糖）⋯⋯10 公克
番茄糊⋯⋯10 公克
小茴香粉⋯⋯2 公克
辣椒粉⋯⋯2 公克
荷蘭芹碎⋯⋯2 公克
百里香碎⋯⋯0.5 公克
鹽⋯⋯5 公克
研磨黑胡椒粒⋯⋯適量

作法

1 洋蔥切碎；大蒜磨成泥；牛絞肉用刀切成泥狀，與洋蔥碎、大蒜泥混合一起。

2 在 **1** 的絞肉泥裡，加入所有調味料，揉拌均勻，用手反覆甩出黏性。

3 將 **2** 的絞肉泥仔細包覆在竹籤上，形成肉泥串。以預熱 200 度的烤箱約烤 12 分鐘即可。

♡ **擺盤 POINT**

・特地做成肉泥串是為了增加拍攝構圖的亮點。若剛好沒有竹籤，也可做成肉泥球，或將肉泥壓扁成漢堡。

03 獵人燉雞

＃燉雞　＃歐洲　＃家常料理　＃獵人家庭

材料

去骨雞腿……160 公克
洋葱……30 公克
紅甜椒……20 公克
黃甜椒……20 公克
青椒……20 公克
培根……20 公克
綠花椰菜……60 公克
糙米飯……60 公克
＊作法請參照 P103 百里香烤羊排
橄欖油……15 毫升
水……350 毫升

調味料

蘋果醋……20 毫升
鹽……5 公克
研磨黑胡椒粒……0.5 公克
荷蘭芹碎……2 公克

作法

1 去骨雞腿切塊；洋葱、紅甜椒、黃甜椒、青椒以及培根切成小丁狀。

2 綠花椰菜洗淨，去掉梗部的粗纖維，切小朵備用。

3 起鍋加入橄欖油，以中火煎雞腿塊，雞皮朝下，煎至金黃色取出。

4 原鍋放入培根炒香後，依序放入洋葱、紅甜椒、黃甜椒、青椒小丁，拌炒均勻。

5 再度放入煎過的雞腿塊，加蘋果醋、鹽、研磨黑胡椒粒及水，燉煮約 12 分鐘，最後放入綠花椰菜煮熟，盛盤後撒上荷蘭芹碎裝飾。

♡ **食材 POINT**

‧「獵人燉雞」是歐洲的家常料理，好吃又容易做。名稱是來自獵人家庭的烹調法，利用常見的肉類和蔬菜，輕鬆燉煮一鍋。

‧這道菜很隨興，沒有固定的食譜，也可選用番茄或紅蘿蔔，想要煮成大人口味的話，可加適量白酒或紅酒。

04 香煎野菇＆鱸魚

#野菇　#鱸魚　#香煎

材料

鱸魚片⋯⋯120 公克
鴻喜菇⋯⋯30 公克
秀珍菇⋯⋯30 公克
香菇⋯⋯20 公克
熟藜麥⋯⋯30 公克
＊作法請參照 P91 咖哩肉丸襯櫻桃
藜麥沙拉
糙米飯⋯⋯50 公克
＊作法請參照 P103 百里香烤羊排
大蒜碎⋯⋯5 公克
橄欖油⋯⋯30 毫升

調味料

鹽⋯⋯適量
研磨黑胡椒粒⋯⋯適量
荷蘭芹碎⋯⋯2 公克

作法

1 鱸魚片先以紙巾擦拭表面水份，兩面抹上適量鹽、研磨黑胡椒粒。

2 鴻喜菇、秀珍菇、香菇都切成片狀。

3 煮過的糙米飯和熟藜麥混拌均勻。

4 起鍋放入 15 毫升橄欖油，以中火煎鱸魚片，魚皮朝下，煎至皮脆上色後，再翻面煎熟即可。

5 另起一鍋，放入餘下的橄欖油，以中火炒 3 種菇類，加適量鹽讓菇類出水，炒至快上色時加入大蒜碎拌炒出香味，再灑上研磨黑胡椒粒及荷蘭芹即可。

05 煎香料透抽佐炸野菜蒸地瓜

#透抽 #蒸地瓜 #野菜 #低熱量 #減肥 #蛋白質

材料

透抽⋯⋯180 公克
玉米筍⋯⋯8 公克
蘆筍⋯⋯10 公克
香菇⋯⋯5 公克
紅甜椒⋯⋯10 公克
紅肉地瓜⋯⋯1 顆（60 公克）
全麥麵粉⋯⋯50 公克
冰水⋯⋯60 毫升
雞蛋⋯⋯1 顆
葵花油⋯⋯250 毫升
橄欖油⋯⋯10 毫升

調味料

鹽⋯⋯適量
研磨黑胡椒粒⋯⋯適量
小茴香粉⋯⋯2 公克
百里香葉⋯⋯2 公克

作法

1 透抽洗淨除內臟，將透明軟骨以及墨囊取出，將頭洗淨並將身體劃刀，舖上鹽、研磨黑胡椒粒、小茴香粉、百里香葉醃製備用。

2 全麥麵粉加雞蛋、冰水、鹽、研磨黑胡椒粒攪拌均勻，調成麵糊備用。

3 玉米筍、蘆筍、香菇、紅甜椒（切成塊狀），全部洗淨備用。

4 紅肉地瓜洗淨，放入電鍋蒸（外鍋2杯水），蒸熟再燜10分鐘，以筷子能刺入的程度即可取出，待微涼後切片。

5 起鍋放入葵花油，以中火加熱，將 **3** 的全部食材沾 **2** 的麵糊，入油鍋炸熟。

6 另起一鍋加入橄欖油，以中火煎 **1** 的透抽，兩面煎上色至熟即可盛盤。

♡ **食材 POINT**

· 「透抽」是一種低熱量、高營養的食材，蛋白質含量相當豐富，脂肪含量則不到 2%，非常適合減肥的人食用喔！

06 乳酪豬肉捲搭手風琴馬鈴薯

❤ 💬 ✈   🔖

乳酪豬肉捲

材料

豬里肌肉片……120 公克
雞蛋……1 顆
紅蘿蔔……50 公克
洋蔥……50 公克
西芹……30 公克
乳酪粉……10 公克
橄欖油……15 毫升

作法

1 豬里肌肉片打薄。

2 雞蛋打成蛋液，加入 10 公克乳酪粉。

3 紅蘿蔔、洋蔥、西芹洗淨，切絲備用。

4 將豬里肌肉片捲起 **3** 的蔬菜絲，用牙籤固定好，沾取 **2** 的乳酪蛋液。

5 起鍋放入橄欖油，以中火放入豬肉捲，煎至兩面上色，轉小火燜 2 分鐘，取出後拔掉牙籤即可盛盤。

♡ 擺盤 POINT

· 拍照時，可將乳酪豬肉捲用造型竹籤串成一串，畫面立刻變得活潑起來。

手風琴馬鈴薯

材料

培根……10 公克
馬鈴薯……1 顆（125 公克）
乳酪粉……10 公克
橄欖油……適量

調味料

鹽……適量
研磨黑胡椒粒……適量
什錦香料……2 公克
紅甜椒粉……0.5 公克

作法

1. 培根切成細條備用。
2. 馬鈴薯洗淨，切成 0.2 公分的片狀，注意不能完全切斷，保持底部相連，讓它微微可以展開。
3. 將 **2** 的馬鈴薯用熱水燙約10分鐘，取出後撒上鹽、研磨黑胡椒粒、什錦香料、紅甜椒粉，接著在馬鈴薯的切縫中夾入培根細條，淋上適量的橄欖油以及 10 公克乳酪粉。
4. 烤箱預熱 180 度，放入 **3** 的馬鈴薯烘烤約 25 分鐘至表面金黃，底部熟透即可。

♡ 擺盤 POINT

- 「手風琴馬鈴薯」因狀似手風琴的風箱因而得名，作法雖然比較繁瑣，但成品的呈現效果非常好。

07 蒜香骰子牛搭蘆筍荷包蛋

#蒜香　#骰子牛　#菲力　#五穀飯

五穀飯

材料

五穀米……140 公克
水……140 毫升
橄欖油……5 毫升

作法

1 五穀米洗淨後浸泡 2 小時。
2 濾乾水份後,放入電鍋內鍋,加入水以及橄欖油。
3 電鍋外鍋加 2 杯水,等到開關跳起,再燜 15 分鐘即可。
4 取五穀飯 60 公克使用。

材料

菲力牛排……160 公克
蘆筍……80 公克
五穀飯……60 公克
大蒜……10 公克
雞蛋……1 顆
橄欖油……30 毫升

調味料

鹽……適量
研磨黑胡椒粒……適量
什錦綜合香料……2 公克

作法

1 菲力牛排切成一口大的骰子塊狀。
2 大蒜切成片狀。
3 蘆筍削皮去根部的粗纖維備用。
4 起鍋放入 15 毫升的橄欖油,以中火將大蒜片爆香至脆後取出,再放入 **1** 的骰子牛,撒上適量調味料,煎至四面上色至 7~8 分熟,取出備用。
5 原鍋放入蘆筍拌炒,加入適量鹽、研磨黑胡椒粒,炒至蘆筍熟軟。
6 另起一鍋,放入餘下的橄欖油,以小火煎雞蛋至 5 分熟即可。

♡ 擺盤 POINT

· 將餐盤當成畫布,用食材設計成自己喜歡的構圖,重點是呈現穩定和諧的感覺。

08 香煎孜然松阪豬配番茄乳酪串

＃孜然　＃松阪豬　＃小番茄　＃馬茲瑞拉乳酪

材料

松阪豬……160 公克
小番茄……20 公克
馬茲瑞拉乳酪……20 公克
羅勒葉……5 片
什錦萵苣……30 公克
糙米飯……40 公克
＊作法請參照 P103 百里香烤羊排
橄欖油……20 毫升
裝飾竹籤……數支

調味料

小茴香粉（孜然）……5 公克
鹽……適量
研磨黑胡椒粒……適量
檸檬汁……5 毫升

作法

1 松阪豬均勻的抹上小茴香粉、適量鹽及研磨黑胡椒粒。

2 起鍋放入 10 毫升橄欖油，以中火煎 **1** 的松阪豬至兩面呈金黃色。

3 烤箱預熱，放入 **2** 的松阪豬以 200 度烤 12 分鐘，取出切片。

4 檸檬汁加入鹽、研磨黑胡椒以及剩下的橄欖油，攪拌均勻成醬汁。

5 馬茲瑞拉乳酪切成四方丁狀；小番茄洗淨後切半；以羅勒葉包住一小丁乳酪，夾在小番茄的中間，以裝飾竹籤串起，再淋上作法 **4** 的醬汁。

♡ **擺盤 POINT**

· 素淨的豬排糙米飯，襯上鮮豔的番茄乳酪串，立刻變得無比吸睛！

· 本道菜再度示範了將食材串起後所呈現的魔力！

09 咖哩鮮蔬櫻桃鴨

櫻桃鴨　# 北非小米　# 庫斯庫斯　# 咖哩　# 蔬菜　# 健康

材料

櫻桃鴨肉……120 公克
洋蔥……20 公克
豆芽菜……30 公克
玉米筍……20 公克
菠菜……20 公克
北非小米（couscous 庫斯庫斯）
……60 公克
熱水……60 毫升
紅甜椒……10 公克
小黃瓜……10 公克
薄荷葉……0.2 公克
橄欖油……30 毫升

調味料

醬油……30 毫升
咖哩粉……5 公克
鹽……適量
研磨黑胡椒粒……適量
檸檬汁……5 毫升

作法

1 洋蔥、豆芽菜、玉米筍、菠菜、紅甜椒、小黃瓜分別洗淨，瀝乾水份。

2 洋蔥切碎，玉米筍切成小段，菠菜取葉片，紅甜椒與小黃瓜去籽切成小丁狀，薄荷葉切碎。

3 醬油倒入碗中，加入咖哩粉、適量研磨黑胡椒粒，混拌一起成醬油咖哩醬。

4 另準備一個碗，加入檸檬汁、橄欖油15毫升、薄荷葉碎、適量鹽與研磨黑胡椒粒，混拌成檸檬薄荷油醋醬。

5 櫻桃鴨胸切薄片狀備用。

6 起鍋放入 5 毫升的橄欖油，以中火放入洋蔥碎炒至金黃，再放入櫻桃鴨胸片，快速地拌炒後先取出。

7 原鍋放入餘下的橄欖油，以中火放入豆芽菜、玉米筍、菠菜，再放入 **6** 的洋蔥櫻桃鴨，加入 **3** 的醬油咖哩醬，拌炒均勻後即可盛盤。

8 北非小米加入熱水混合攪拌，封上保鮮膜燜15分鐘，讓北非小米漲開，拌入作法 **4** 的檸檬薄荷油醋醬，以及紅甜椒小黃瓜丁，加適量鹽與研磨黑胡椒粒即可。

♡ **食材 POINT**

· 北非小米與咖哩醬本身就自帶中東風味，再搭配木製碗以及偏暗的打光方式，讓這道菜更散發濃濃的異國情調。

10 香煎鴨胸蒜香義大利麵

櫻桃鴨胸　# 蒜香義大利麵　# 帕瑪森乳酪粉

材料

櫻桃鴨胸……120 公克
義大利麵……100 公克
大蒜碎……10 公克
紅辣椒碎……5 公克
荷蘭芹碎……2 公克
帕馬森乳酪粉……15 公克
橄欖油……15 毫升

調味料

鹽……適量
研磨黑胡椒粒……適量

作法

1 取一個適當大小的鍋子，加水煮開，加入適量的鹽，放入義大利麵煮約 9 分鐘，取出瀝乾，留少許煮麵的水。

2 櫻桃鴨胸切片，撒上適量鹽、研磨黑胡椒粒，起鍋放入適量橄欖油，將櫻桃鴨胸片每面煎約 1 分鐘後取出。

3 另起一鍋，放入餘下的橄欖油，以中火炒大蒜碎，有香味飄出時再放入紅辣椒碎，以及 **1** 的義大利麵拌炒，再加入少許的煮麵水、鹽、研磨黑胡椒粒拌均勻，最後撒下荷蘭芹碎及帕瑪森乳酪粉，即可盛盤。

⑪ 香煎鮪魚排佐菠菜馬鈴薯泥

#鮪魚　#菠菜馬鈴薯泥　#彩椒　#番茄

材料

新鮮鮪魚……120 公克
牛番茄……60 公克
紅甜椒……15 公克
黃甜椒……15 公克
洋蔥……10 公克
大蒜……5 公克
羅勒葉……0.5 公克
馬鈴薯……80 公克
菠菜……20 公克
鮮奶……50 毫升
橄欖油……30 毫升

調味料

鹽……適量
研磨黑胡椒粒……適量

作法

1 新鮮鮪魚洗淨擦乾，撒上適量調味料備用。

2 馬鈴薯去皮，切塊，放入水煮熟，瀝乾水分後搗成泥，鮮奶微加熱再倒入馬鈴薯泥裡。

3 菠菜取葉，汆燙後泡冷水，瀝乾水分，切碎後拌入 **2** 的馬鈴薯泥，加少許鹽調味即可。

4 牛番茄去皮去籽，切成碎塊；紅黃甜椒去籽也切成碎塊；洋蔥、大蒜、羅勒葉切碎，所有材料都混合一起，撒鹽、研磨黑胡椒與 15 毫升的橄欖油調味，即成番茄彩椒醬。

5 起鍋，放入剩下的橄欖油，以中火放入鮪魚排，每面約煎 2 分鐘即可盛盤。

♡ **擺盤 POINT**

· 將菠菜馬鈴薯泥直接塗在黑盤子上，整塊鮪魚擺上去，再淋上番茄彩椒醬，完成極為豪邁的料理構圖。

12 西班牙紅椒雞肉搭炒竹筍

＃西班牙料理　＃紅椒　＃烤雞　＃竹筍　＃五穀飯

五穀飯

材料

五穀米……140 公克
水……140 毫升
橄欖油……5 毫升

作法

1 五穀米洗淨後浸泡 2 小時。

2 濾乾水份後，放入電鍋內鍋，加入水以及橄欖油。

3 電鍋外鍋加 2 杯水，等到開關跳起，再燜 15 分鐘即可。

4 取五穀飯 60 公克使用。

材料

雞胸肉……160 公克
竹筍……80 公克
五穀飯……60 公克
大蒜碎……5 公克
橄欖油……30 毫升

調味料

煙燻紅甜椒粉……5 公克
小茴香粉……2 公克
紅辣椒粉……2 公克
鹽……適量
研磨黑胡椒粒……適量

作法

1 將煙燻紅甜椒粉、小茴香粉、紅辣椒粉、大蒜碎、適量鹽、研磨黑胡椒粒與 15 毫升橄欖油，混合攪拌，再放入雞胸肉醃 20 分鐘。

2 竹筍切厚片放入熱水煮熟，取出備用。

3 烤箱預熱 200 度，將 **1** 醃漬後的雞胸肉放入烤箱，烤約 12 分鐘，取出靜置 5 分鐘後切片。

4 起鍋放入剩下的橄欖油，以中火煎 **2** 的竹筍片，撒適量鹽、研磨黑胡椒粒，兩面煎至金黃色。

♡ **食材 POINT**

· 西班牙料理擅長用香料來為食材增添風味，這道烤雞有獨特的香辣口感，搭配清爽的筍片，非常下飯。

· 擺盤方式則以整齊的骨牌式疊法，呈現雞肉為主菜的氣勢。

⑬ 彩椒鑲肉搭水煮馬鈴薯

#彩椒　#馬鈴薯　#牛肉料理

材料

各色彩椒……180 公克
馬鈴薯……60 公克
牛絞肉……120 公克
洋蔥……50 公克
帕馬森乳酪粉……15 公克
橄欖油……15 毫升
大蒜碎……5 公克

調味料

鹽……適量
研磨黑胡椒粒……適量

作法

1 彩椒洗淨後，縱向對切，取出籽備用。
2 洋蔥切碎，起鍋加入 10 毫升橄欖油，以中火炒香洋蔥碎和大蒜碎，取出放涼備用。
3 牛絞肉放入大碗，再放入 **2** 的食材，以鹽、研磨黑胡椒粒調味，以手拌勻抓至肉出現黏性，依彩椒的大小分成 2~3 等分。
4 將 **3** 的牛絞肉填入對切的彩椒裡，撒上帕馬森乳酪粉。
5 烤箱預熱 180 度，將 **4** 的彩椒鑲肉放入烤 20 分鐘。
6 馬鈴薯洗淨去皮，切成四方塊狀，放入鍋裡，加水蓋過馬鈴薯，加入少許鹽以及剩下的橄欖油，水煮開後轉小火，再煮 10 分鐘後關火，浸泡 5 分鐘即可撈起。

♡ 擺盤 POINT

· 特地選用暗色系的食器與背景，以突顯食物的鮮豔顏色，達到了「色香味」俱全的效果。

14 蒜味蘑菇白酒淡菜

材料

淡菜……250 公克
蘑菇……30 公克
平葉香芹……2 公克
五穀飯……60 公克
＊作法請參照 P115 蒜香骰子牛搭
蘆筍荷包蛋
紅辣椒碎……5 公克
大蒜碎……10 公克
橄欖油……15 毫升
食用花……1 朵

調味料

鹽……2 公克
研磨黑胡椒粒……0.5 公克
白酒……30 毫升

作法

1. 淡菜洗淨；蘑菇洗淨擦乾切片，平葉香芹切粗碎備用。
2. 起鍋放入橄欖油，以中火先放入蘑菇片，炒至出水，等蘑菇水份快收乾時，再放入大蒜碎、紅辣椒碎一起拌炒。接著加入白酒，煮沸後放入鹽、研磨黑胡椒粒調味，然後加入淡菜，蓋上鍋蓋，以中火燉煮 3 分鐘，再加入平葉香芹碎，拌炒均勻後即可關火盛盤。

♡ **擺盤 POINT**

· 選用粗獷的大盤及黑背景，將大量淡菜整齊排列，以展現這道海鮮飯的磅礡氣勢。

15 鮮蝦裹櫛瓜煎馬鈴薯

材料

鮮蝦…160 公克
綠櫛瓜…60 公克
紅皮馬鈴薯…120 公克
大蒜碎…10 公克
橄欖油…45 毫升
百里香…1 支

調味料

鹽…適量
研磨黑胡椒粒…適量

作法

1 鮮蝦洗淨,去頭去殼去腸泥,留蝦身及尾部備用。
2 綠櫛瓜洗淨,用削皮刀刨成長條的薄片。
3 用櫛瓜薄片將 1 的蝦身一層一層裹起來,用牙籤固定。
4 紅皮馬鈴薯洗淨,放入一鍋加鹽的滾水中,煮約 20 分鐘後關火,浸泡 5 分鐘後取出,切半備用。
5 起鍋放入橄欖油,以中火煎 3 的鮮蝦裹櫛瓜,放入大蒜碎、百里香,加適量調味料,煎至兩面上色至熟。
6 原鍋可同時煎 4 的熟馬鈴薯,煎至兩面上色至熟。

♡ 食材 POINT

· 馬鈴薯屬於優質澱粉,可代替米飯做為主食,達到減醣減重的目的。
· 選用小顆紅皮馬鈴薯,搭配鮮蝦裹櫛瓜,是畫面非常甜美秀氣的一道菜。

16 香煎鮭魚橄欖醬義大利麵

鮭魚　# 橄欖　# 義大利麵

材料

帶皮鮭魚⋯⋯160 公克
黑橄欖⋯⋯15 公克
綠橄欖⋯⋯15 公克
大蒜碎⋯⋯5 公克
羅勒葉⋯⋯0.5 公克
什錦萵苣⋯⋯10 公克
義大利麵⋯⋯100 公克
橄欖油⋯⋯30 毫升

調味料

鹽⋯⋯適量
研磨黑胡椒粒⋯⋯適量

作法

1 帶皮鮭魚洗淨擦乾，抹上適量鹽、研磨黑胡椒粒備用。

2 黑橄欖和綠橄欖切成細碎；羅勒葉切成粗碎備用。

3 準備一鍋水，煮開後加入適量的鹽，放入義大利麵，沸騰後再煮 9 分鐘，取出瀝乾，留下少許煮麵的水。

4 起鍋放入 15 毫升橄欖油，以中火煎鮭魚，魚皮朝下煎至酥脆，再翻面煎至兩面上色。

5 另起一鍋，放入剩下的橄欖油，以中火炒大蒜碎，炒香後放入 **2** 的橄欖細碎，加適量鹽、研磨黑胡椒粒調味，再放入 **3** 的義大利麵以及少許煮麵水，拌炒均勻，最後撒上羅勒葉碎，拌炒均勻後盛盤。

6 擺上鮭魚，以什錦萵苣做為盤飾，即可上桌。

17 嫩烤豬肉搭鹽味綜合時蔬

烤豬肉　# 蔬菜　# 鹽味

材料

豬梅花肉……250 公克
綠花椰菜……20 公克
玉米……20 公克
四季豆……15 公克
小番茄……15 公克
橄欖油……5 毫升
水……500 毫升

調味料

鹽……5 公克
研磨黑胡椒粒……0.5 公克
黃芥末醬……5 公克
什錦綜合香料……0.5 公克

作法

1 將豬梅花肉撒上 2 公克的鹽和研磨黑胡椒粒，抹上黃芥末醬，再撒上什錦綜合香料。

2 綠花椰菜去梗部粗纖維，切成小朵；玉米切成 5 公分的長段；四季豆切成斜段。

3 烤箱預熱，將 1 的豬梅花肉放入，以 180 度烤約 20 分鐘，取出靜置 10 分鐘後再切片。

4 準備一鍋 500 毫升水，加入 3 公克鹽與橄欖油，水滾後放入玉米、綠花椰菜、四季豆、小番茄，約燙 2 分鐘即可盛盤。

＃火鍋　＃療癒　＃花園火鍋　＃火鍋電爐

18 療癒花園火鍋

材料

火鍋用豬肉片⋯⋯2 盒
美白菇⋯⋯2 包
鴻喜菇⋯⋯2 包
櫻桃蘿蔔⋯⋯3 顆
板豆腐⋯⋯1 盒
小番茄⋯⋯5 顆
玉米筍⋯⋯3 根
甜玉米⋯⋯2 根
檸檬⋯⋯1 顆
火鍋料⋯⋯適量
（魚丸、魚餃、燕餃、蟹棒）
茼蒿⋯⋯適量
裝飾用竹籤⋯⋯3 支

作法

1 將豬肉片捲成玫瑰花型（可掃描底下 QR code 觀看示範影片），櫻桃蘿蔔切半，小番茄切半，檸檬切片備用。

2 板豆腐切四方塊；甜玉米切為四段；魚丸用竹籤串起。

3 所有食材參照擺盤 POINT 擺放完成，記得先拍照留念，接著加入任一款火鍋湯底，開啟電爐煮沸，待食材熟後即可享用！

療癒花園火鍋
示範影片

昆布蘋果小魚乾高湯

材料

昆布 …… 80 公克
紅蘋果 …… 100 公克
小魚乾 …… 50 公克
水 …… 3000 毫升

作法

1 將昆布用紙巾沾水將表面擦洗乾淨，剪成四方小片狀。
2 紅蘋果切成塊狀；小魚乾洗過備用。
3 取大鍋放入水，放入 **1** 的昆布以及 **2** 的紅蘋果、小魚乾煮至沸騰。
4 轉小火繼續熬煮約 45 分鐘即可關火。
5 用網篩過濾掉食材，即成火鍋湯底。

鮮蔬大骨高湯

材料

豬大骨 …… 750 公克
洋蔥 …… 100 公克
玉米帶皮 …… 100 公克
高麗菜 …… 50 公克
白蘿蔔 …… 50 公克
水 …… 3000 毫升

作法

1 豬大骨洗淨，放入滾水中汆燙去穢物。
2 撈起豬大骨，以清水沖洗乾淨備用。
3 洋蔥、玉米帶皮、高麗菜、白蘿蔔都切成塊。
4 鍋中放入水，再把 **2** 的豬大骨與 **3** 的食材放入水裡煮至沸騰。
5 轉中小火繼續煮 45 分鐘即可關火。
6 用網篩過濾掉食材，即成火鍋湯底。

♡ **擺盤 POINT**

· 準備火鍋電爐，先將花型豬肉片分散擺放鍋內，做為基本架構，再一一用所有食材填補空隙，可依自己喜好擺盤，營造出花園的蓬勃朝氣。（可掃描左頁 QR code 觀看示範影片）

兒
童
餐

01 坦都里烤雞肉串

坦都里烤雞　# 低脂低熱量

材料

雞腿肉……180 公克
什錦萵苣……20 公克
小番茄……10 公克
原味無糖優格……80 公克
竹籤……2 支

調味料

坦都里雞混合香料粉（市售）
……10 公克
鹽……適量
研磨黑胡椒粒……適量

作法

1　雞腿肉洗淨擦乾，切成 6 塊，撒上少許鹽、研磨黑胡椒粒。
2　將原味無糖優格、坦都里雞混合香料粉倒入大碗，攪拌均勻，加進 **1** 的雞塊醃漬 20 分鐘。
3　將 **2** 的雞塊取出，用竹籤串起，每串 3 塊雞肉。
4　烤箱預熱 180 度，將 **3** 的雞肉串放入烤箱，烘烤約 15 分鐘即可。
5　取出後，搭配小番茄或什錦萵苣盛盤。

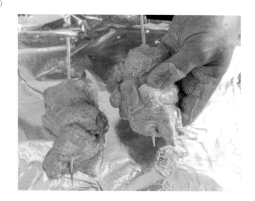

♡ **食材 POINT**

．這道料理的特色就是用原味無糖優格醃漬雞肉，低脂低熱量，口感十分清爽。

02 鮪魚墨西哥捲餅

材料

墨西哥餅皮……2 張
鮪魚罐頭……1 罐（160 公克）
洋蔥碎……20 公克
牛番茄……60 公克
小黃瓜……30 公克
什錦萵苣……20 公克

調味料

檸檬汁……10 毫升
檸檬皮……2 公克
荷蘭芹碎……2 公克
無糖美乃滋……30 公克
鹽……適量
研磨黑胡椒粒……適量

作法

1 將鮪魚罐裡的油瀝除，倒入大碗裡，加入洋蔥碎、檸檬汁、檸檬皮、荷蘭芹碎、適量的鹽、研磨黑胡椒粒，以及無糖美乃滋，全部攪拌均勻。

2 牛番茄和小黃瓜洗淨後，切成厚片狀。

3 餅皮先用乾鍋烙過兩面，鋪上什錦萵苣，放上牛番茄片和小黃瓜片，最後鋪上 **1** 的鮪魚醬，再捲起即可。

03 玉米野菜烘蛋

❤️ 💬 ✈️

材料

玉米粒⋯⋯20 公克
水煮四季豆⋯⋯20 公克
小番茄⋯⋯30 公克
雞蛋⋯⋯3 顆
披薩用乳酪⋯⋯30 公克
橄欖油⋯⋯15 毫升

調味料

鹽⋯⋯適量
研磨黑胡椒粒⋯⋯適量

作法

1 雞蛋打成蛋液，加入鹽、研磨黑胡椒粒，攪拌均勻備用。
2 小番茄切片；四季豆切成小段備用。
3 起鍋加入橄欖油，以中火先放入蛋液，攪拌成半凝固狀，保持
   圓形，把玉米粒、小番茄片、四季豆小段鋪在蛋的上面，再撒
   上披薩用乳酪，盛起烘蛋放進烤箱。
4 烤箱以 180 度烤約 5 分鐘即可。

♡ 擺盤 POINT

· 這道料理將三種蔬菜加入蛋中，成品看起來就像是披薩，
  能引起小朋友的食欲，不知不覺就能補充蔬菜營養。為
  家長解決家裡小朋友普遍不愛吃蔬菜的問題。

牛肉豆腐漢堡

＃牛肉 ＃豆腐漢堡 ＃野餐

材料

牛絞肉……80 公克
豬絞肉……20 公克
板豆腐……80 公克
什錦萵苣……10 公克
漢堡包……1 個
洋蔥……60 公克
胡蘿蔔……30 公克
薑……5 公克
雞蛋……1 顆
橄欖油……45 毫升

調味料

鹽……5 公克
研磨黑胡椒粒……0.5 公克
黃芥末……5 公克

作法

1 板豆腐將水壓出，剝碎備用；牛絞肉與豬絞肉用刀剁成碎末。

2 洋蔥、胡蘿蔔、薑都切成碎末；漢堡包切開備用。

3 起鍋放入 10 毫升的橄欖油，以中火炒香洋蔥、胡蘿蔔、薑末，盛起放涼備用。

4 將 **1** 的板豆腐和絞肉放入大碗，加入 **3** 的食材，再以鹽和研磨黑胡椒粒調味，所有材料攪拌均勻，用手揉成肉團，再取適量輕輕壓成肉餅狀。

5 起鍋放入 15 毫升的橄欖油，以中火煎 **4** 的肉餅，兩面煎上色至熟，取出。

6 鍋中放入剩下的橄欖油煎荷包蛋。（熟度可視個人喜好）

7 漢堡包用乾鍋烙出金黃色，底部 上黃芥末，依序放上什錦萵苣、肉餅及荷包蛋。

♡ **擺盤 POINT**

· 裝入漢堡專用的盒子，不但方便帶出去野餐，也能增加拍照時的吸睛度，更能增添孩子的用餐興趣。

· 漢堡排裡特別加入洋蔥和胡蘿蔔，讓不愛吃蔬菜的孩子能愉快享受，補充營養素。

05 奶油培根貝殼麵

奶油培根 　# 貝殼麵 　# 蘑菇

材料

貝殼麵⋯⋯150 公克
洋蔥⋯⋯20 公克
培根⋯⋯50 公克
蘑菇片⋯⋯50 公克
橄欖油⋯⋯15 毫升
蛋黃⋯⋯1 顆
荷蘭芹碎⋯⋯2 公克

調味料

無糖美乃滋⋯⋯30 公克
鹽⋯⋯適量
研磨黑胡椒粒⋯⋯適量

作法

1 洋蔥洗淨切小丁，蘑菇切片，培根切1公分的丁狀備用。

2 起鍋放入水，煮開後放適量的鹽，再放入貝殼麵煮十分鐘，撈起瀝乾，留少許煮麵水。

3 準備一鍋加入橄欖油，以中火拌炒培根丁和蘑菇片，再放入洋蔥小丁炒至金黃色，接著放入貝殼麵以及少許煮麵水，攪拌後離火。

4 在 **3** 炒好的貝殼麵加入蛋黃、美乃滋，撒上適量鹽、研磨黑胡椒粒，快速的拌勻，再撒上荷蘭芹碎即可。

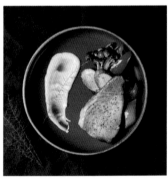

Energy Bowl

能
量碗

01 泰式軟嫩雞絲沙拉

泰式　# 雞絲沙拉　# 能量碗　# 營養

材料

雞胸肉（去皮）……120 公克
小番茄……30 公克
小黃瓜……30 公克
紫洋蔥……20 公克
雞蛋……1 顆
大蒜……5 公克
紅辣椒……5 公克
綜合堅果……10 公克
薄荷葉……2 公克
九層塔……2 公克
什錦萵苣……60 公克
食用花……適量

調味料

泰式甜辣醬……15 公克
魚露……5 毫升
檸檬汁……30 毫升
研磨黑胡椒粒……適量

作法

1　鍋中加冷水，煮開後放入雞胸肉，立即關火，加蓋燜 8 分鐘，然後取出泡冰水，變涼後用叉子或用手將雞肉撕成粗絲備用。

2　準備另一鍋加冷水，放入雞蛋，以大火煮開後計時 6 分鐘，關火後泡 2 分鐘，取出再沖冷水，剝殼切半。

3　小番茄洗淨切半；小黃瓜、紫洋蔥洗淨切絲；薄荷葉、九層塔取葉子洗淨備用。

4　大蒜、紅辣椒切末，與泰式甜辣醬、魚露、檸檬汁、研磨黑胡椒粒均勻攪拌，即成泰式醬汁。

♡ 食材 POINT

· 碗內以什錦萵苣墊底，先擺入雞胸絲，再依序擺入水煮蛋、綜合堅果、小番茄、小黃瓜、紫洋蔥，以薄荷葉、九層塔、食用花做裝飾，最後淋上適量泰式醬汁。這樣就完成一道繽紛又營養的能量碗。

02 彩虹北非小米雞肉沙拉

\#彩虹　\#北非小米　\#雞肉沙拉　\#甜菜根　\#酪梨

材料

北非小米（couscous庫斯庫斯）
……30 公克
雞胸肉……160 公克
熱水……30 毫升
酪梨……80 公克
甜菜根……30 公克
櫻桃……30 公克
地瓜……30 公克
橄欖油……35 毫升
迷迭香……2 公克

調味料

鹽……適量
研磨黑胡椒粒……適量
檸檬汁……15 毫升

作法

1 雞胸肉洗淨擦乾，用迷迭香、鹽、研磨黑胡椒粒以及 10 毫升的橄欖油醃製約 1 小時，備用。

2 北非小米加入熱水混合攪拌，封上保鮮膜燜 15 分鐘，讓北非小米漲開備用。

3 地瓜洗淨切丁，撒上適量鹽、研磨黑胡椒粒，淋上適量的橄欖油，用烤箱以 180 度烤 15-20 分鐘至地瓜熟，取出放涼。

4 甜菜根用水煮熟、去皮，切成四方丁狀；酪梨去皮去籽，也切成四方丁狀，櫻桃去籽（部分切半）備用。

5 將橄欖油、鹽、研磨黑胡椒粒、檸檬汁混合調成檸香橄欖油醬，拌入 **2** 的北非小米裡。

6 將 **1** 醃好的雞胸肉放在烤盤，送入烤箱以 180 度烤 15 分鐘，取出後放涼切丁狀備用。

♡ 擺盤 POINT

· 這道菜不管用碗或是盤子來盛裝都很適合。

· 底部先鋪北非小米墊底，先依序擺上地瓜丁、甜菜根、酪梨、雞胸肉以及櫻桃即可。

03 鮪魚沙拉佐蜂蜜蒜味優格醬

\# 透抽　\# 蒸地瓜　\# 野菜　\# 低熱量　\# 減肥　\# 蛋白質

材料

鮪魚片⋯⋯150 公克
鴻喜菇⋯⋯30 公克
紫洋葱⋯⋯60 公克
紅甜椒⋯⋯60 公克
綠櫛瓜⋯⋯60 公克
橄欖油⋯⋯20 毫升
大蒜⋯⋯5 公克

調味料

無糖優格⋯⋯80 公克
蜂蜜⋯⋯5 毫升
鹽⋯⋯適量
研磨黑胡椒粒⋯⋯適量

作法

1　鮪魚片洗淨擦乾，用鹽、研磨黑胡椒粒醃製 15 分鐘。
2　鴻喜菇、紫洋葱、紅甜椒、綠櫛瓜洗淨切成片狀，撒少許鹽、研磨黑胡椒粒。
3　大蒜切成細末，加入無糖優格、蜂蜜、鹽、研磨黑胡椒粒攪拌均勻，即成蜂蜜蒜味優格醬。
4　將鮪魚片與 2 的所有蔬菜食材放在烤盤，淋上橄欖油，放入烤箱以 200 度烤約 15 分鐘。

♡ 擺盤 POINT

· 若要完整呈現鮪魚的彈性口感，可不必分切，醬汁塗抹在盤緣，以法式擺盤的方式直接上桌。

· 也可採用能量碗的擺盤形式，這時可在碗內鋪墊什錦萵苣，第二層鋪上烤蔬菜，接著將鮪魚按紋路切成適當小塊，放在最上層，最後淋上蜂蜜蒜味優格醬。

鮭魚酪梨藍莓沙拉

#鮭魚　#酪梨　#沙拉

材料

鮭魚⋯⋯160 公克
綠花椰菜⋯⋯60 公克
洋蔥⋯⋯50 公克
熟藜麥⋯⋯40 公克
＊作法請參照 P91 咖哩肉丸襯櫻桃
藜麥沙拉
藍莓⋯⋯30 公克
酪梨⋯⋯30 公克
櫻桃蘿蔔⋯⋯20 公克
雞蛋⋯⋯1 顆
橄欖油⋯⋯25 毫升

調味料

鹽⋯⋯適量
研磨黑胡椒粒⋯⋯適量
檸檬汁⋯⋯15 毫升

作法

1 鮭魚洗淨擦乾，抹上鹽、研磨黑胡椒粒調味。

2 綠花椰菜去掉梗部的粗纖維，切成小朵；洋蔥洗淨切成粗絲；酪梨去皮去籽，切成片狀；櫻桃蘿蔔刨成薄片；藍莓洗淨備用。

3 鍋中加冷水，放入雞蛋，以大火煮開後計時 6 分鐘，關火後泡 2 分鐘，取出再沖冷水，剝殼切半。

4 烤箱預熱，以 180 度烤鮭魚 8 分鐘後，拿出烤盤，在鮭魚旁添加洋蔥、綠花椰菜後放回烤箱，連同鮭魚一起再烤 6 分鐘。

♡ 擺盤 POINT

‧ 可將綠色酪梨片夾在紅色鮭魚之間，以營造視覺效果。熟藜麥襯底，洋蔥絲、綠花椰菜及藍莓擺放旁邊，記得要在鮭魚片淋上檸檬汁。

‧ 若要以能量碗擺盤，則可在碗裡鋪墊芝麻葉，並將鮭魚及酪梨改切成小塊。

05 莓果高蛋白奶昔碗

#能量碗　#超級食物　#藍莓　#乳清蛋白　#健身　#降血壓　#健美　#肌肉

材料

藍莓……100 公克
香草高蛋白粉……25 公克
香蕉……80 公克
鮮奶……200 毫升
蘋果……5 公克
西洋梨……5 公克
綜合堅果……5 公克
燕麥片……5 公克

作法

1 藍莓、香蕉、香草高蛋白粉、鮮奶以果汁機打均勻。

2 蘋果、西洋梨洗淨切片狀備用。

3 將**1**的果汁倒入碗裡，再以**2**的蘋果片、西洋梨片排列擺盤，再撒下燕麥片和綜合堅果即可。

♡ 食材 POINT

· 藍莓號稱「超級食物」，含有豐富的健康元素，如花青素、維他命、礦物質及纖維素等，而且熱量低。

· 高蛋白粉又稱「乳清蛋白」，能提供人體所需的胺基酸和蛋白質。

· 有固定健身習慣者，可食用高蛋白粉再配合肌力訓練，就能增長肌肉，達到健美體型效果。

· 由於高蛋白粉又有「降血壓血糖血脂」的功效，糖尿病或心血管疾病患者可經由醫師評估之後，將高蛋白粉做為飲食控制時的重要補充品。

· 一般人若無高強度的運動習慣，高蛋白粉宜偶爾適量食用就好，建議還是從原型食物中攝取蛋白質，不須特別食用高蛋白，長期食用過多會造成腎臟負擔。

06 繽紛水果高蛋白奶昔碗

#能量碗　#水果　#高蛋白　#奶昔

材料

冷凍莓果……100 公克
無糖優格……80 公克
香草高蛋白粉……25 公克
鮮奶……100 毫升
奇異果……30 公克
蘋果……30 公克
香蕉……30 公克
玉米片……20 公克
櫻桃……20 公克
南瓜籽……5 公克

作法

1 冷凍莓果加上無糖優格、香草高蛋白粉、鮮奶，以果汁機打均勻。

2 奇異果去皮切片，蘋果切片，香蕉去皮切片，櫻桃去籽切半備用。

3 將 **1** 的果汁倒入碗中，然後以 **2** 的水果片排列擺盤，再撒上玉米片及南瓜籽即可。

♡ **擺盤 POINT**

・ 能量碗是近期非常受到歡迎的飲食形式，一個碗裡面內含多元食材，可同時攝取多種營養成分。

・ 由於它的組成食材大多五顏六色，十分吸睛，所以也成為 IG 攝影最愛的主題之一。

TITLE

輕減醣！我的 IG 料理超吸睛

STAFF

出版	瑞昇文化事業股份有限公司
料理家	林勃攸
攝影	璞真奕睿

總編輯	郭湘齡
文字編輯	蕭妤秦　張聿雯
美術編輯	許菩真
封面設計	許菩真
排版	許菩真
製版	明宏彩色照相製版有限公司
印刷	龍岡數位文化股份有限公司

法律顧問	立勤國際法律事務所　黃沛聲律師

戶名	瑞昇文化事業股份有限公司
劃撥帳號	19598343
地址	新北市中和區景平路464巷2弄1-4號
電話	(02)2945-3191
傳真	(02)2945-3190
網址	www.rising-books.com.tw
Mail	deepblue@rising-books.com.tw

初版日期	2021年6月
定價	360元

國家圖書館出版品預行編目資料

輕減醣!我的IG料理超吸睛 ＝ My IG
cuisine is super eye-catching/林勃攸料
理. -- 初版. -- 新北市：瑞昇文化事業股
份有限公司, 2021.05
168 面 ; 18.2 x 24.5 公分
ISBN 978-986-401-493-4(平裝)
1.烹飪 2.食譜

427.1　　　　　　　　　110006478